なるべく簡単に楽しみたい！

アマチュア無線用アンテナ お手軽設置ノウハウ

CQ ham radio編集部 [編]

CQ出版社

アクティブ・ハムライフ・シリーズ

はじめに

　アマチュア無線を楽しむために，アンテナの設置は欠かせないものです．アマチュア無線のアンテナというと，大きなタワーに設置されている八木アンテナなどを想像するのではないでしょうか．大きなアンテナは遠くまで電波が飛んでくれることに間違いないのですが，大半の方にとっては，夢物語のようなお話ではないかと思います．現実とは大きな隔たりがあります．

　その一方，集合住宅のベランダへ設置したアンテナで，大きな成果を上げているハムもいらっしゃいます．また，移動運用で，アクティブに活躍しているハムも目立ちます．このように，大きなアンテナを設置しなくてもアマチュア無線は思う存分楽しめるのです．

　本書では，ベランダに設置するアンテナや移動運用でのアンテナ設営，自動車へのアンテナ設置などを中心に，その中でも特に手軽に行える方法を紹介します．さらに，難しい計算や加工が不要で，簡単に自作できるアンテナも紹介しています．

　アンテナの設置方法は，設置する場所によって千差万別．すべて同じようにできるとは限りませんし，同じような結果が出るとも限りません．しかし，基本を押さえておけば，オリジナルのアイデアを加えて，FBなアンテナが設置できることでしょう．

　また，本書で紹介しているアンテナ設置は，安全を第一に考えていますが，最終的な安全確認は，設置者自身の責任のうえで行ってください．

　アンテナの製作と設置を身近に感じ，自分の力で電波を出す楽しさを感じていただけましたら幸いです．

CQ ham radio 編集部

なるべく簡単に楽しみたい！
アマチュア無線用アンテナ お手軽設置ノウハウ
Contents

6	**Chapter 01**	**アンテナ設置実例集**
6	1-1	アパマン・ハムHF編
6		ベランダ・アンテナの工夫
11	1-2	HF〜V/UHFでのマルチバンド運用編
11		ベランダでのビーム・アンテナとHF用モービル・ホイップの設置
17	1-3	移動運用編
17		いろいろなシチュエーションの移動運用でアンテナを立てる
28	1-4	海外から運用編
28		DXバケーションでのアンテナ

34	**Chapter 02**	**自宅に設置するお手軽アンテナ**
34	2-1	V/UHF用アンテナの取り付け
34		モービル・アンテナ用ベランダ取付金具を使ってアンテナを設置
37		パイプ・ベランダ用アンテナ取付金具を使って小型GPを設置
40		同軸ケーブルのつなぎ方
42	2-2	HF固定局用アンテナの取り付け
42		アンテナ取付金具の設置
44		マルチバンドGPの設置
46		V型ダイポールの設置
48	2-3	オート・アンテナ・チューナを活用したロング・ワイヤ・アンテナ
48		ATU+釣り竿を利用したロング・ワイヤ・アンテナを設置する
52		AH-4汎用コントローラの製作
54	2-4	ベランダにHF用モービル・ホイップを設置
54		モービル・ホイップでHFにQRV

58	2-5	多巻きスモール・ループ・アンテナの活用
58		多巻きスモール・ループ・アンテナのマンション・ベランダへの設置
60	2-6	隙間ケーブルの設置
60		隙間ケーブルMGC50で信号を室内に

64　Chapter 03　移動運用でのアンテナ設置

64	3-1	タイヤベースを使ったアンテナの設置
64		タイヤベースの設置方法
65		アンテナの取り付け
70		常に状況を判断して
71	3-2	ワイヤ・アンテナの設置
71		逆Vダイポール・アンテナの製作と設置
76		エンドフィード・アンテナの設置
82	3-3	オート・アンテナ・チューナを使った移動運用
82		アンテナの救世主，オート・アンテナ・チューナ
87	3-4	グラスファイバ製釣り竿の利用
87		1/4λフルサイズ・バーチカル・アンテナの製作と設置
92		HF用ノンラジアル・ホイップ
94		50MHz用ヘンテナの製作と設置
99	3-5	カメラ用三脚の利用
99		カウンターポイズを利用してHF用モービル・ホイップを設置する
102		マストを取り付けて小型アンテナを設置する
104		430MHz用4エレメント・ループ・アンテナの製作
108	3-6	展望フロア移動のアンテナ
108		展望フロアでの運用
108		ハンディ機と付属ホイップ
108		小型マグネット基台とホイップ・アンテナ
109		小型三脚を使う
109		ウィンドウ・ガラス取り付け基台の利用
111		430MHz用ヘンテナの製作と設置
114		同軸ケーブル 10D-FBをマストに
115		ほかにもさまざまなアイデアで

116	3-7	伸縮ポール用三脚を使ったアンテナ設置
116		平らな地面に伸縮ポール用三脚を利用してアンテナを立てる
118	3-8	ステーを張るときに役立つテクニック
118		もやい結び
118		コード・スライダーの使い方
81	Column	アルミ合金製マストの製作

120　Chapter 04　自動車に設置するお手軽アンテナ

120	4-1	V/UHF用アンテナのお手軽設置
120		マグネット基台とノンラジアル・アンテナ
122		貼り付けアンテナの設置
123		ハンディ機用小型マグネット・マウント・アンテナの活用
124		モービル基台の取り付け
126	4-2	HF用モービル・ホイップのお手軽設置
126		モービル・ホイップ+マグネット基台+マグネットアース・シートでHF帯にQRV
129		スクリュー・ドライバ・アンテナSD330の設置と活用

132　Appendix　初めて使うSWR計

132	SWR計は何をするもの??
133	SWR計の使い方
135	実際のアンテナを測ってみる
136	アンテナを調整してみる
141	シャックに1台備えておきましょう

142	Index
143	初出一覧

```
筆者一覧
JF1JAY   岩田  学
JI1SAI   千野 誠司
JR1CCP   長塚  清
JJ2NYT   中西  剛
JQ2OUL   郡  正道
JA3AVO   中出 真澄
7J3AOZ   白原 浩志
（コールサイン順）
```

本書には「CQ ham radio」ほかに掲載された記事を再編集したものも含まれています．
初出誌は「初出一覧」をご覧ください．記載のないものは書き下ろしです．

Chapter 01

アンテナ設置実例集

　各局のアンテナ設置方法からヒントを得て，自局のアンテナ設置の参考にしてみてください．ここでは，アパマン，移動運用，DXバケーションの各ジャンルでのアンテナ設置を紹介します．目からウロコのヒントが隠されているかもしれませんよ．

1-1　アパマン・ハムHF編

ベランダ・アンテナの工夫

　ここでは，低層階の2階という厳しい無線環境であっても，HFの運用に対する熱き思いが冷めやらず，何とかアンテナを設置して楽しんでいる．そんな奮闘記のご紹介です．

● アパマン・ハムにおけるベランダ・アンテナのハードル

　転勤族が社宅でHF運用を楽しむには，いくつかのハードルをクリアする必要があります．なんと言っても「構造物に穴をあけたり傷つけたりしないこと」，そして「住民の皆さんの迷惑にならないこと」は何よりも重要です．

　それらを満たしながら，一つ目に電波の出口となるアンテナの設置．そして二つ目にリグとアンテナを結ぶ同軸ケーブルの引き込み方法．最後に，設置するアンテナがバーチカルや1/4λモービル・アンテナやワイヤ・アンテナなどの場合には有効なアースを確保することです．

● ベランダの作りに泣かされた

　アンテナとそれを支える取付金具を，どこにどのように設置すれば安全を確保しつつも効率的な運用が可能となるかは，社宅の規約とベランダの手すり面の形状や材質に大きく左右されてしまいます．

　当局のベランダは，強化ガラスと手すりで構成されているので（**写真1-1-1**），コンクリートの側面で使用される挟み金具（**写真1-1-2**）は使用できません．また，手すりを挟み込む隙間もまったく

写真1-1-1　強化ガラスと手すりには隙間がないベランダ

Chapter 01　アンテナ設置実例集

写真1-1-2　挟み金具

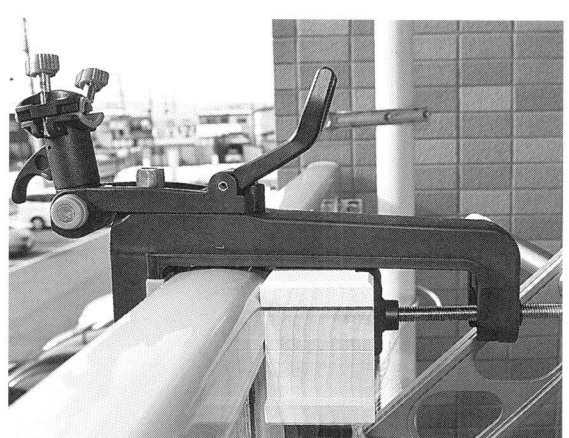

写真1-1-4　手すりをしっかりと挟んだ竿掛け

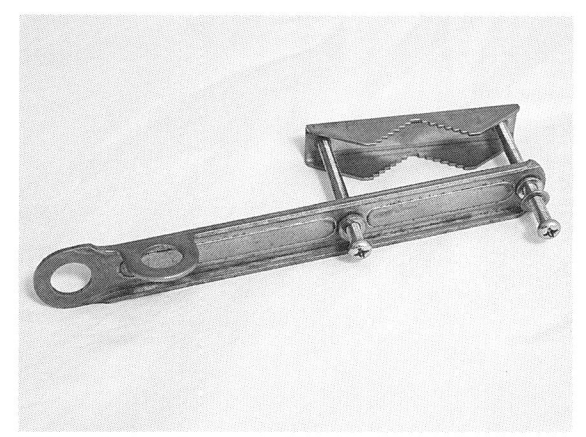

写真1-1-3　モービル・アンテナ用ベランダ取付金具

写真1-1-5　ベランダから3m振り出してこの長さ．さらに2mも振り出したら大変！

ないため，モービル・アンテナ用ベランダ取付金具(**写真1-1-3**)も使用することができません．アンテナを設置する取付金具にひと工夫必要です．

● 設置の工夫と断念

　上述の挟み金具タイプの代替品となる取付金具を考えていたら，船釣りに使われている「竿掛け」が思い浮かびました．これを使って手すり部分を上から挟み込めば運用できるかもしれません．

　早速釣具店に行って購入したのですが，手すりの幅も測らずに飛びついてしまったので，アダプタを挟んでの設置となりました．それでも，イメージどおり，手すりを挟み込むことができました(**写真1-1-4**)．

　取付金具は決まりましたが，アンテナも選択の幅が限られそうです．ベランダ・アンテナで真っ先に思い浮かぶのは，釣り竿アンテナとATU(オート・アンテナ・チューナ)によるマルチバンド運用です．

　移動運用に使用していた長さ6mの釣り竿をベランダから水平に振り出してみると，さすがに目立ち過ぎました(**写真1-1-5**)．住民の皆さんに生活の中で威圧感を与えてはいけません．

アマチュア無線用アンテナ　お手軽設置ノウハウ | 7

写真1-1-6　釣り竿受けにパイプを固定して基台を取り付けた

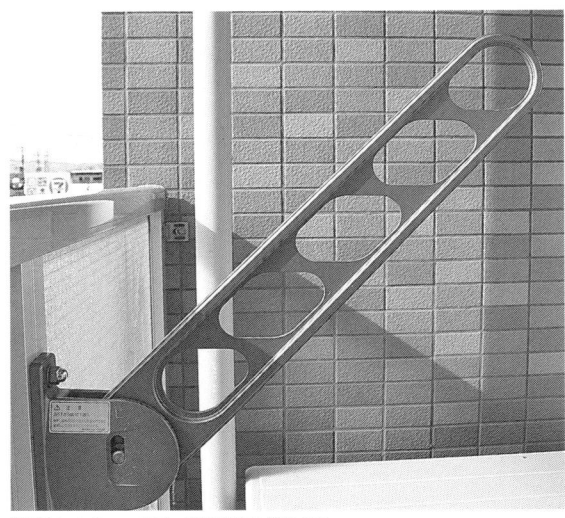

写真1-1-8　ベランダ用収納式物干し

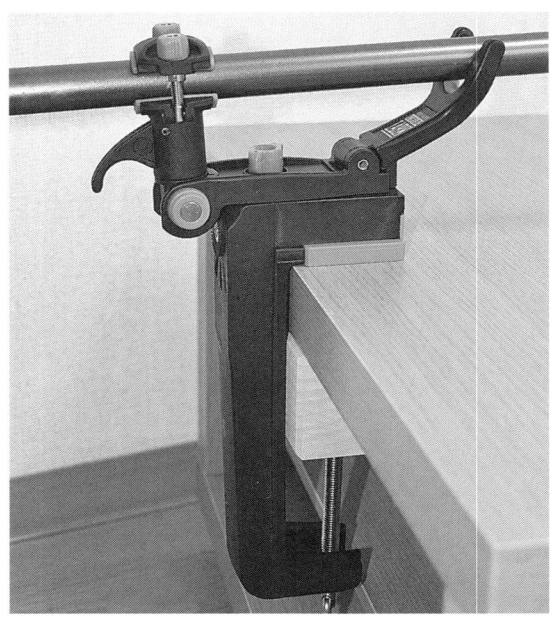

写真1-1-7　竿掛けアダプタの位置を変え上下に挟むことも可能

　そこで，短めのパイプの先にパイプ用基台を取り付けて，モービル・ホイップを設置するというモノ・バンド運用をトライしてみました(**写真1-1-6**)．しかし，基台＋アンテナという一番重量がある部分がすべてベランダの外側に位置しているので，事故を避けるためにこの方法もあきらめました．

　結局，ここでは「竿掛け」を取付金具として活用した運用は断念せざるを得ませんでした．2階ベランダは地面からも近く，住民の頭のすぐ上にアンテナが来てしまうので，難しい状況です．

　筆者は利用を断念しましたが，アレンジ次第では，船釣り用の「竿掛け」は便利なアイテムだと感じています．ベランダの手すりを前後方向に挟むだけでなく，上下方向に挟むことも可能です(**写真1-1-7**)．

　また「竿掛け」は，クランプ部分の挟み込む幅により何種類も用意されており，釣り竿の太さに合わせた「竿掛け」のサポート・サイズも豊富に用意されているので，自分の設置条件に合った組み合わせを選択することが可能です．

　運用時の取り付けや片付けも簡単なので，設置環境さえ許せば「竿掛け＋釣り竿アンテナ＋ATU」によるマルチバンド運用が可能なのです．

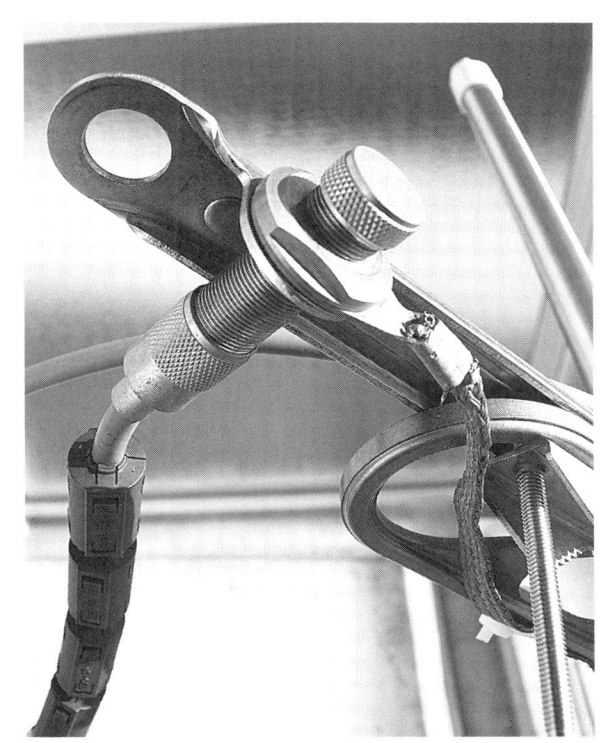

Chapter 01 アンテナ設置実例集

写真1-1-9 取付金具に中継コネクタと同軸ケーブル類をセット

写真1-1-10 アンテナ設置完了

写真1-1-11 想定していなかった水平設置！

ぜひ試していただきたいアイデアです（ただし，自己責任でお願いします．hi）．

● 設置方法の発見

「竿掛け」の使用はあきらめましたが，無線運用をあきらめることはできません．あるとき，ベランダに洗濯物を干していてひらめきました．「ベランダ用収納式物干し」の活用です（**写真1-1-8**）．これならば，しっかりとベランダ手すりに固定されており安全です．給電点がベランダ内に位置するため，アンテナの効率は落ちそうですが，落下の危険性は減少します．

早速，モービル・アンテナ用ベランダ取付金具で収納式物干しを挟み，中継コネクタを取り付けて，回り込みを防ぐための「パッチン・コア」を取り付けた同軸ケーブルをセットします（**写真1-1-9**）．続いてアンテナを取り付ければ完成です（**写真1-1-10**）．

アンテナは斜めにセットされ，垂直系/水平系の良いところ取りに期待できそうです．中継コネクタがベランダ内にあるため，アンテナの取り替えも簡単・安全に行えます．少し経ってから気がついたのですが，物干しを収納状態に移動させると，アンテナは水平系に早変わりします（**写真1-1-11**）．交信エリアによっては多少ゲインを稼げたりして楽しめました．

アマチュア無線用アンテナ お手軽設置ノウハウ | 9

写真1-1-12　1階から斜めの設置状態(上)と水平の設置状態(下)をチェック

写真1-1-13　金網で良好なアースを確保

　1階から見上げてみても，モービル・ホイップのエレメントなのでさほどの威圧感はありません(**写真1-1-12**)．

　同軸ケーブルの引き込みは，本書にも掲載している「窓・ドアすり抜けケーブル MGC50」を利用しています．簡単に同軸ケーブルを引き込めました．

● 最後の難関「アース」

　ここまできたら，後はアースの取り方です．金網によるアースを設置することとしました．1m×2mの金網を用意し，ベランダに敷くか手すり側面に取り付けるかです(**写真1-1-13**)．これ1枚で，7〜50MHzまではSWR 2.0に抑えることが可能です．3.5MHzを運用する場合は，もう1枚用意して10cmほどの幅を重ねて結束バンドで結び面積を増します．

● 運用開始

　運用してみると，思っている以上に電波は飛んでくれており，国内交信はまず問題ありませんでした．DXもCWによる50W運用で，ヨーロッパや南米にも届いてくれました．もちろん海外の珍局も，DXクラスターに頼らずパイルアップになる前に探し出せれば交信可能でした．

● あきらめないで

　ちょっとした発想と工夫があれば，どんな環境であれアマチュア無線を楽しむことができ，電波は国内外を駆けめぐってくれるようです．

　低層階にお住まいの各局も決してあきらめずに，アンテナを上げて運用してみてください．

　皆さんのハムライフの一助になることを願っております．

（JI1SAI 千野 誠司　ちの せいじ）

Chapter 01 アンテナ設置実例集

1-2　HF～V/UHFでのマルチバンド運用編

ベランダでのビーム・アンテナと HF用モービル・ホイップの設置

　筆者のアパマン・ハムの課題，アンテナの設置方法について紹介します．

　筆者は開局以来アパマン・ハムを続け，今年で10年になります．「環境に負けずなんとか無線を」が私の無線ライフの根っこにあります．

　必要はなんとかの母ではありませんが，必要に迫られれば創意工夫を．その精神があったからこそ10年間アパマン・ハムをやってこられたのだと思っています，hi．

　本稿では，現在筆者の運用スタイルと，使用しているアンテナ・システムを中心に紹介します．

● ベランダでのビーム・アンテナ使用

　筆者のV/UHF運用スタイルとして，展開できるときには移動用のビーム・アンテナを使用します．移動用のビーム・アンテナは，実はアパマン環境にも有用です．コンパクトでコストパフォーマンスも高いので，有効なアイテムであると言えるでしょう．

　筆者の場合は，常置場所（地上高約20m）からビーム・アンテナ（144MHz 5エレ/430MHz 10エレ）を使用することで（**写真1-2-1**），V/UHFでの遠距離交信を実現させています．状況にもよりますが，1エリア方面などと300kmを超える交信ができています．

　コンテストに参加するときは，アンテナ切替器を使用してモノバンド八木×2系統で運用しています（**写真1-2-2**）．アンテナ次第で，アパマン環境をハンディキャップから，高さを武器にした有利な環境に変えることも可能なのです．

　144/430MHzのアンテナは，無線をするときだけキャンプ用のランタン・スタンドを使用して，これにクロス・マウントを介して水平ポールを咬ませて設置しています．クロス・マウントはハムショップで手に入りますが，ホームセンターで同等品を探すのもよいでしょう．

　なお，3段伸縮のスタンドの場合は最上段がかなり細く，使用するとバランスを崩す可能性が高いので使用はお勧めしません．筆者も2段目までしか使用していません．ランタン・スタンドは軽いアルミ製なので，重いアンテナを載せるのには

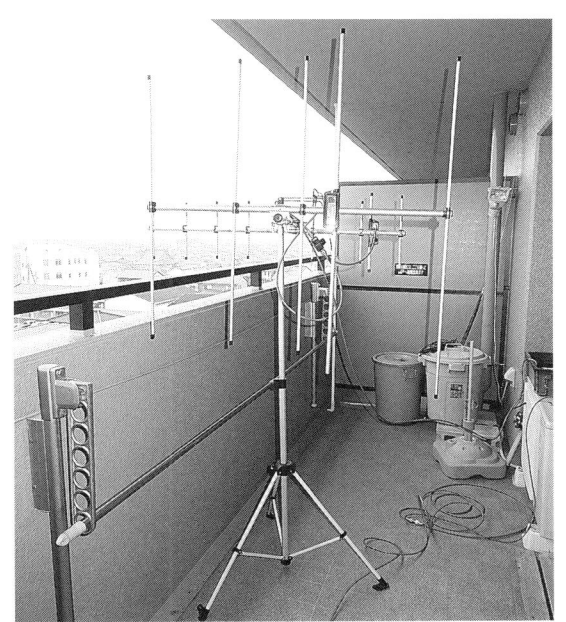

写真1-2-1　バルコニー内に設置した144MHzと430MHzのモノバンド八木
この状態で主にCWで1エリアと交信ができる．無理に外に出さなくても見通し距離では成果を出せる

アマチュア無線用アンテナ お手軽設置ノウハウ | 11

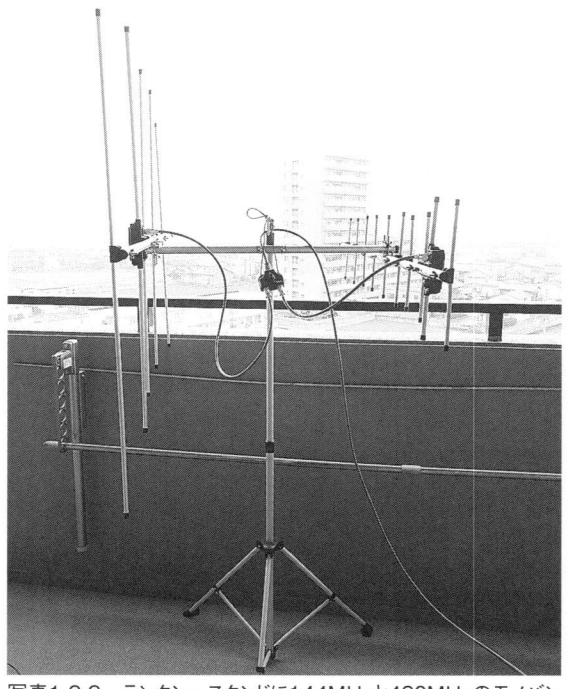

写真1-2-2　ランタン・スタンドに144MHzと430MHzのモノバンドハ木2組を設置
アンテナ切替器を使ってクイックQSYができる

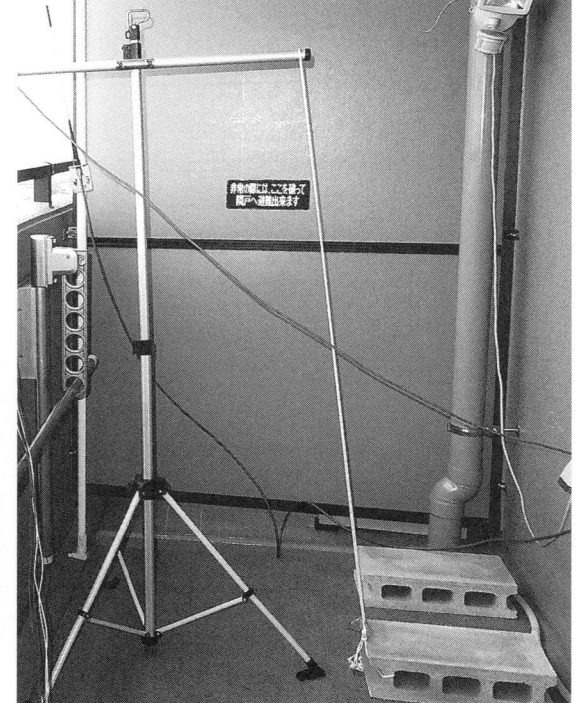

写真1-2-3　ランタン・スタンドにはブロックのウエイトを結ぶ

向きません．ベランダは雨水の排水用に傾斜しています．外に繰り出す場合は，転落などの不慮の事故防止のために，ウェイトを用いたり固定したりするのがよいでしょう（**写真1-2-3**）．

ランタン・スタンドにはペグの固定穴も付いているので，移動運用で使うにも向いています．

● **50MHzはHB9CVを使用**

50MHzを運用するときは，2エレメントHB9CVをベランダに設置しています（**写真1-2-4**）．完全に外にせり出させることは無理ですが，部分的にでも外に出すことができれば，それなりの働きをしてくれます．

50MHzのビーム・アンテナは，ベランダでギリギリ展開できますし，比較的安価なので選択する価値があります．通常タイプの設置がサイズ的

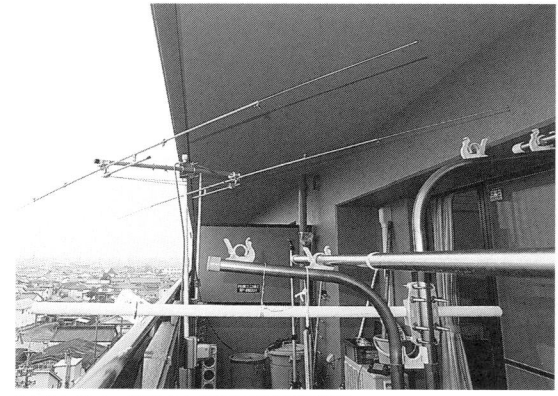

写真1-2-4　50MHz用HB9CVを設置
全部出さなくてもモービル・ホイップよりはパフォーマンスは上

にが難しければ，V字タイプのアンテナを選択してもよいでしょう．

アンテナ・ポールの設置は，もともとベランダに備えられている物干し竿用支柱に，のぼり用ポ

アマチュア無線用アンテナ　お手軽設置ノウハウ

Chapter 01　アンテナ設置実例集

写真1-2-5　アンテナ・ポールの設置
ベランダの物干し竿用支柱にのぼり用ポールを針金で固定

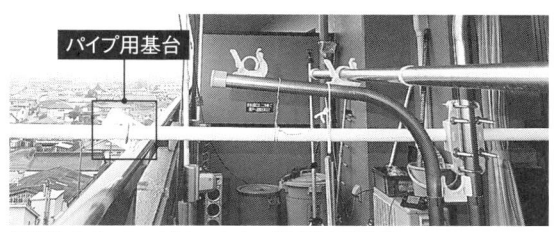

写真1-2-6　モービル・ホイップ取り付け用ポール
物干し台を利用してポールとパイプ用基台を取り付け

写真1-2-7　2mクラスのモービル・ホイップを設置
2mクラスのアンテナがお勧め．条件，モード次第でDXもある程度は可能．筆者の環境は地上高20m，東向き完全オープン

ールを針金で固定しています（**写真1-2-5**）．開局以来さまざまなトライを重ねましたが，これが一番手早く設置できるうえに伸縮が簡単，安価，アンテナも容易に回転させることもできるので，これに落ち着いています．

● 物干し台を利用したHFモービル・ホイップの設置

重量がある物干し台を利用すれば，大きめのモービル・ホイップを設置することも可能です．筆者は物干し台にクロス・マウントを介してポールを適度に出し（**写真1-2-6**），モービルに使うパイプ用ステンレス基台を取り付けています．ここに全長2mクラスのHF用モービル・ホイップを運用するときだけ取り付けています（**写真1-2-7**）．

アンテナの長さはいろいろありますが，全長2mクラスのアンテナが周辺との調和，性能的に適しています．また，マルチバンドのアンテナを選ぶことも考えられますが，モノバンド・アンテナに比べると，一歩後れを取っている感じです．コイルの太さ一つをとっても，モノバンド・アンテナのほうが太く大きいので，効率が良さそうに感じます．さらに，マルチバンド・アンテナは調整が複雑なので，使用するバンドすべてで満足できる調整ができるとはかぎりません．マルチバンド・モービル・ホイップは，モービルという限られた環境の中で，マルチバンドに出るためのアンテナだと感じます．

モービル・ホイップは，各バンドのアンテナがラインアップされているので，使用頻度が高いバンドから，コツコツと買いそろえるのがよいと思います（**写真1-2-8**）．

モービル・ホイップには，カウンターポイズなどのグラウンドが必要になります．筆者の場合，ワニ口クリップに10mの被覆線を2本，これを2組で10mを4本として（**写真1-2-9**），ステンレス

アマチュア無線用アンテナ　お手軽設置ノウハウ　13

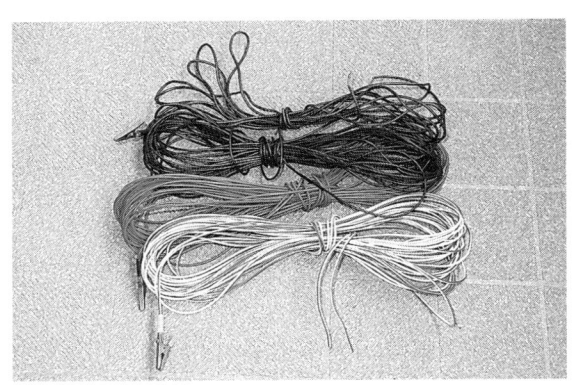

写真1-2-9　カウンターポイズに使用している電線

写真1-2-10　モービル・ホイップの基台部分
ワニ口クリップに10m×2本のカウンターポイズを2組，計4本接続．場合によって本数を増やす

写真1-2-11
M型コネクタがちょうど通る大きさの圧着端子「R14-16」

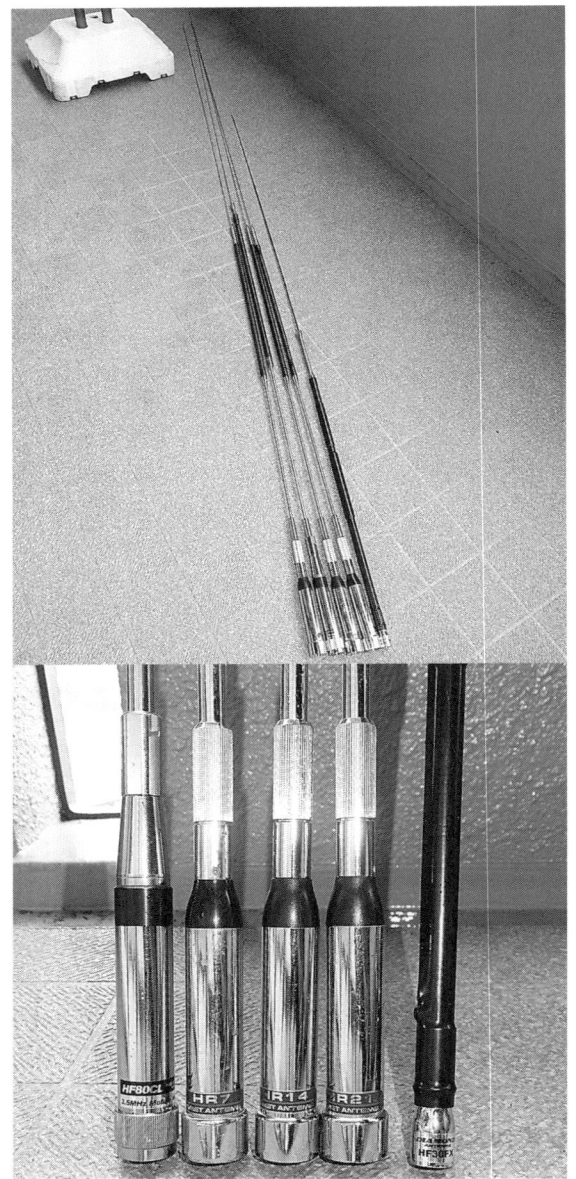

写真1-2-8　そろえたHF用モービル・ホイップ
必要なバンドからそろえていくと良い

基台に挟んでカウンターポイズとして使っています（**写真1-2-10**）．これでATUを併用する場合は事足りています．カウンターポイズの引き回し方や本数などは，ベランダの大きさや配置などで異なりますから，いろいろ試してみてください．

ワニ口クリップの代わりに，**写真1-2-11**のような，M型コネクタの径に合う圧着端子（R14-16）を用いてカウンターポイズを接続すること

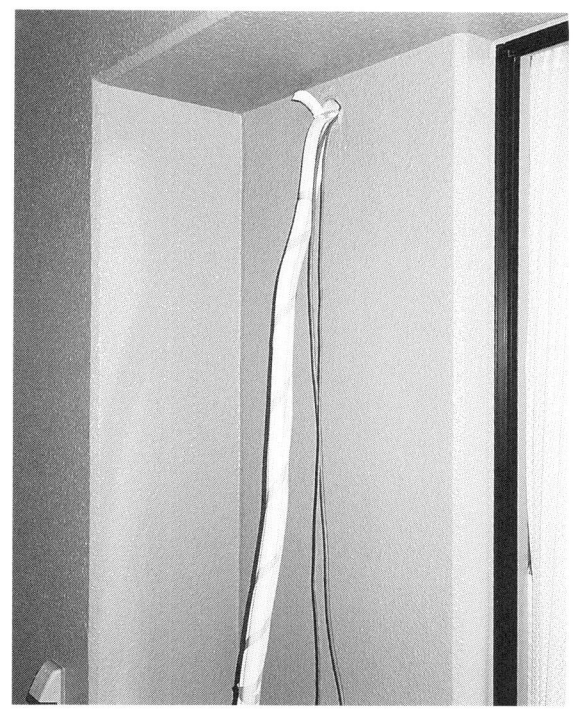

Chapter 01　アンテナ設置実例集

写真1-2-12　エアコン用配管と同軸ケーブル2本を通したところ（外壁側）

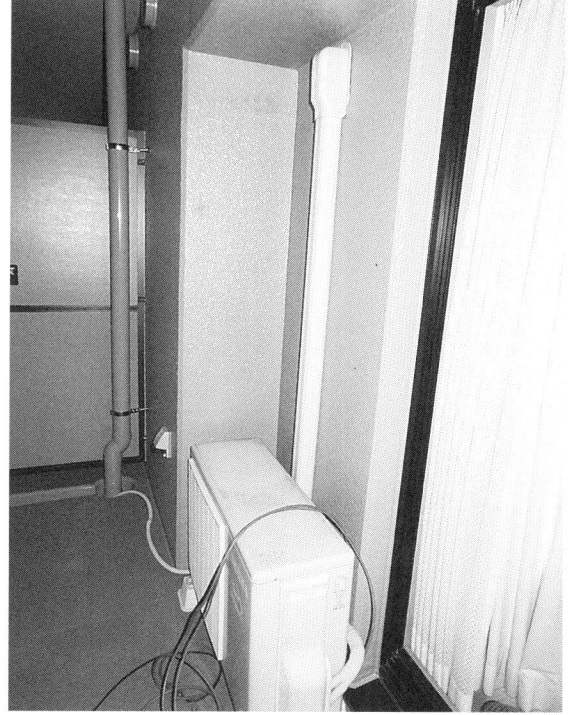

写真1-2-13　配管に化粧カバーをセット

も可能です．この圧着端子は，ホームセンターでは見かけませんが，筆者はハムフェアで入手しました．そのほか，インターネット通販やインターネット・オークションでも入手できます．

● エアコン配管を使ったケーブル配線

　アパマン運用に限りませんが，「どうやって家の中へ同軸ケーブルを通すか」という大きな悩みがあります．

　筆者は，運用するたびに窓を開けて同軸ケーブルを通していたのですが，冬は冷気，夏は虫の問題と向き合わなければいけません．市販の隙間ケーブルもありますが，筆者の環境ではベランダの出入りの関係上，導入を躊躇していました．

　話は変わりますが，筆者が住むマンションでは，長期にわたり大規模修繕が行われました．盛夏から年末近くまでアンテナも出せない日々が続いたのです（前述のランタン・スタンドの使用は，このときに仮置きで何かできないか？　という必要性から思いついた物でもあります，hi）．

　修繕のため，エアコンの配管が一時的に取り外された状態になり「そう言えば…」ということで，このチャンスを逃さないよう同軸ケーブルを通すことにしました．半分とっさの判断というかひらめきみたいなものでしたが，開局以来10年の問題を一瞬（？）で解決できたことになります．

　エアコンの室外機への配管には同軸ケーブルを数本通せる余裕があります．屋外の配管カバーの余裕の兼ね合いもあるので，筆者は2本通すことにして，復旧作業のときに一緒にはめ込んでもらいました（**写真1-2-12**〜**写真1-2-14**）．屋内の隙

アマチュア無線用アンテナ　お手軽設置ノウハウ　｜　15

写真1-2-14　同軸ケーブルの取り出し口

写真1-2-15　隙間を埋めるための充填剤

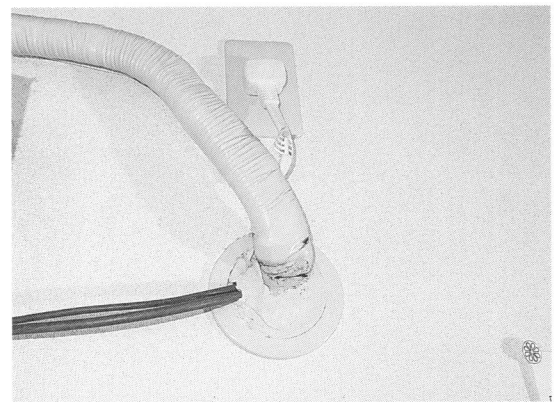

写真1-2-16　室内側の取り出し口を充填剤で埋める

間は，ホームセンターで数百円で入手可能な配管用の不乾性すきま充填剤（通称エアコン・パテ，**写真1-2-15**）で埋めて完成です（**写真1-2-16**）．

簡単にやり直しが効かないので，ケーブルの長さは慎重に決める必要があります（筆者の場合は10m×2本にしました）．

この方法は賃貸，購入物件にかかわらず，エアコンが取り付けられていない状態であれば簡単な作業なので，新居に入居の際，大規模修繕時，エアコンの取り替えなどで工事が発生した際などに検討する価値が大，と言えるでしょう．

この結果，運用のたびに設営する手間がなくなった（窓を開けることがなくなった）ことで家族のウケが良くなり，低くなってしまったアクティビティーが，大きく回復したのはいうまでもありません，hi．

● おわりに

以上，いろいろと書きましたが，アパマンでも創意工夫，ベランダにある物や市販品を利用すれば，案外簡単に無線環境を作ることは可能で，洗濯物との共存共栄（？）も図れるでしょう，hi．

筆者は現在JCCがMixで570．昨年は，DXCCも100エンティティーに到達しました．アパマンでも努力や創意工夫次第で実績を積み，成果を出すことが可能です．

ここで紹介したことが少しでも皆さんの参考になれば筆者としても幸いです．

（JQ2OUL　郡　正道　こおり・まさみち）

Chapter 01　アンテナ設置実例集

1-3　移動運用編

いろいろなシチュエーションの移動運用でアンテナを立てる

　移動運用に出かける交通手段はさまざま．ここでは，自動車（以下，車），自転車，徒歩での移動運用時のアンテナ設置を紹介します．

● 移動運用に目覚めたわけ

　筆者はいわゆるアパマン・ハムです．集合住宅の1階に居住し，アンテナ設置もままなりません．それでもなんとか小型アンテナを設置してV/UHFに出ていましたが，地上高も指向性もないアンテナではすぐに限界を感じてしまいました．どうにかして短波に出られないかと思案していたところ，ある局が「空が見えていればモービル・ホイップでも飛びますよ」と教えてくれました．

　ずいぶん以前にBCLやSWLで使えないかと購入していた7MHz用モービル・ホイップがあることを思い出し，押入れから出しましたが，すぐに自宅に設置するわけにも行きません．まずは，車でモービル・ホイップの実力を試してみることにしました．幸いにも車の屋根にはマグネット式のアンテナ基台が付いていたので，そこに設置してみました（**写真1-3-1**）．車は駐車場に停めたままです．

　時間は日没前でしたでしょうか，自宅から運び出したHF機からは7MHzのにぎやかな交信が聞こえてきました．調整しても*SWR*は2.0以下にはなりませんでしたが（カウンターポイズなどはつなげておらず，たまたま基台部分と車のボディが導通していた），空き周波数を見つけてCQを出しました．

　ちょうどそのころから始まったJARL制定のWAKU（国内の政令指定都市の全区のアマチュア局との交信で完成する）アワードの影響もあり，対象地からのオン・エアだった筆者はたちまちのうちにパイルアップ受けてしまいました．このパイルアップは1時間以上続き，そのオン・エアだけでAJDが完成しました．

　興奮冷めやらない筆者は，翌日に海まで行くことにしました．東京湾の近くに住む筆者は，海辺なら電波はもっと飛ぶだろうと考えたのです．この予感は当たり，10W出力の7MHz SSBでまたもやパイルアップになりました．

写真1-3-1　車の屋根のマグネット基台に7MHz用モービル・ホイップを設置

写真1-3-2　自動車用バッテリ．重さは22kg

写真1-3-3　コメット タイヤベース ふみたてくん

　日没と同時にパイルアップが途切れたあと，どこか聞こえないかとダイヤルを回してみると，弱々しいながらも初めて聞くプリフィックス局のCQが入感していました．オペレーターは日本人のようです．思い切って呼んでみるとワン・コールでコールバックがあり，QSOが成立しました．

　帰宅後にプリフィックスを調べてみたところ，マーシャル諸島であることがわかりました．7MHz，しかもモービル・ホイップでDX交信ができるなどまったく考えていなかった筆者は，自宅以外からオン・エアする移動運用というもののダイナミックさに魅入られてしまいました．

　今では自宅から短波帯にQRVできるようにもなり，CWの資格も取りましたので，無線に関しては以前の環境よりかなり改善されました．しかし，今でも休日は積極的に移動運用をしています．それは誕生したばかりの新市サービスだったり，アンテナや電源のテストだったりしますが，結局はモービル・ホイップで受けたパイルアップやDX局との思わぬQSOで経験した興奮をもう一度体感したいからなのかもしれません．

　それでは，状況別に筆者の設備と設置例を紹介していきます．なるべく簡単に自作できるもの，または簡単に購入できるものを使って構築することを念頭においています．運用時間は日中の数時間で，夜間や泊りがけの運用はしません．QRVする周波数はなるべく多く，出力はSSBでもCWでも状況に応じてQRPから50Wまで対応し，時間が許せば1日で複数地点からの運用も行います．そのためには簡単に設営，撤収できることを優先しています．

● 車で移動運用

　車だと，アンテナや電源の制約があるとはいえ，最も簡単に構築ができるのではないかと思っています．

　まずは電源です．筆者は発電機を使わず，車のバッテリからも取りません．無線用として，車用バッテリを購入し使用しています．現在使っているのは韓国製の自動車用バッテリ(**写真1-3-2**)です．性能ランクは80で，製品カタログによると5時間率で52Ahとなっています．つまり「10.4Aを5時間取り出せる」ということなので，コンパクトHF機でも数時間の運用に耐えられます．電圧は12Vですが，無線機に直結しています．使い始めて3年目になりますが，性能が落ちたとは感じません．無線用には十分な性能でしょう．ただし重

18　アマチュア無線用アンテナ お手軽設置ノウハウ

Chapter 01　アンテナ設置実例集

写真1-3-4　全長6mの三段アルミ・ポール

写真1-3-5　コメット 144/430MHz デュアルバンド八木アンテナCYA2375

写真1-3-6　アルミ・ポールで自作ダイポールを展開

量が22kgもあるので取り扱いには要注意です．

移動運用時のアンテナ設置には，タイヤベース（コメットのふみたてくん）を使います（**写真1-3-3**）．ポールは全長6mのアルミ・ポールです（**写真1-3-4**）．ねじ込み三段で仕舞寸法が2m強ありますが丈夫で軽く，重宝しています．ホームセンターで3～4千円で購入したと記憶しています．

● 144/430MHz用八木アンテナ

144MHzと430MHzに出る場合は，このポールの先端にコメットのCYA2375というデュアルバンド八木（144MHz 3エレ/430MHz 5エレ，**写真1-3-5**）を設置します．方位磁石やiPhoneの方位アプリで人口密集地，または目的地に向けて固定します．八木アンテナで指向性はありますが，それほど鋭くないので，ちょっとV/UHFものぞいてみようかという方に最適だと思います．

*SWR*は広い範囲で低く，CW/SSB/FMでも大丈夫です．また，ポールへの設置金具は仰角をつけられるので，衛星通信もできると思います．

● HF/50MHz用ダイポール

50MHzと短波帯に出る場合は，自作のダイポール（**写真1-3-6**）を設置します．ダイポールはギ

アマチュア無線用アンテナ お手軽設置ノウハウ | 19

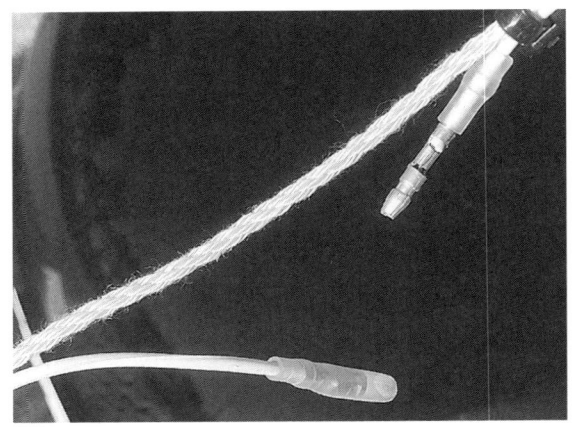

写真1-3-7　ダイポールのギボシ部分

写真1-3-9　エレメントの端に黄色のテープを巻いて目立たせる

写真1-3-8　地面にレンガを置いてエレメントを固定

ボシ(**写真1-3-7**)を使い，1本で各バンドのフルサイズ・ダイポールとなるようにしています．給電部に片側12mのロープを取り付けてエレメントと同じように設置し，エレメントを這わせる工夫をしています．ギボシ・ダイポールではエレメントの接続部分に苦労しますが，これなら苦労はいりません．

　ダイポールの給電部はアルミ・ポールで設置しますが，エレメントの端は移動先の状況で設置方法が変わります．何か構造物があればそこへ縛ることで固定できますが，何もなくて土が広がっているだけならば「ペグ」を打ち込んでロープをつな ぎます．

　舗装されていたりコンクリートが打たれている場合は，園芸用のレンガ(**写真1-3-8**)，鉄アレイ，水の入ったペットボトルなどにロープをつなぎ，地面に置きます．エレメントが軽量ならばこれだけでOKです．

　ダイポールが，どうしても左右対象に張れない場合があります．そういう時は，事前にホット側(電波が放射される側)を調べておき，そちら側だけでも高く，まっすぐに張れるようにしましょう．また，他人がエレメントに触って感電したり，引っかかったりなどしてけがをしてしまうことを防ぐために，黄色やオレンジのビニル・テープを巻くなどして目立つ工夫をしましょう(**写真1-3-9**)．高い八木アンテナを設置したときのステーにも同様の工夫が必要です．自宅とは違って，アンテナがあることを周囲に知らせましょう．

● 同軸ケーブルの引き込み

　同軸ケーブルは，少し開けた窓から車内へ引き込みます．筆者は全バンド3D-2Vを使用しています．ドアの隙間からでも引き込めますが，何度もドアを開け閉めしているうちに傷んできます．太い

Chapter 01　アンテナ設置実例集

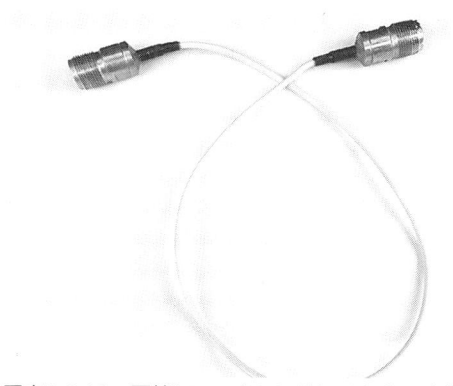

写真1-3-10　両端にMJコネクタが付いた極細の中継ケーブル

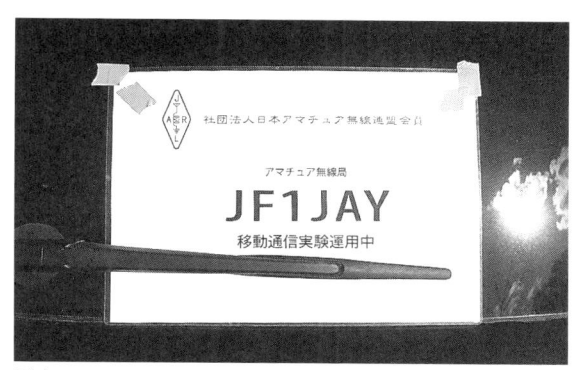

写真1-3-11　コールサインを明示した看板．出力したコピー紙をラミネート

同軸ケーブルでドアの隙間を通せなかったり，天候によって窓を開けられない場合は，両端にMJ型コネクタが付いているRG-188A/Uなどの，極細の同軸ケーブルを利用した中継ケーブル(**写真1-3-10**)を使って，車内に引き込みましょう．車にアンテナを設置している場合，その基台経由でもOKです．

細めの3D-2Vで給電したり，RG-188A/Uを中継に使用すると損失が出るのではないかと思われますが，実際のところそれほど気になりません．通常の移動運用なら，持ち運びの便利性を優先させましょう．

● ロケーションの選択

ロケーションも気になるところですが，車を駐車する位置には十分配慮してください．進入禁止や駐停車禁止の場所は論外ですが，交通に支障が出るような停め方もいけません．健常者は障害者用駐車スペース停めることもご法度です．太陽の位置も気をつけましょう．日差しの方向は時間が経つにつれて変わってきます．「運用していたら日差しが真正面から当たってきた」「日の出と同時にリグの表示が確認できなくなった」などということもあるので，運用中に太陽がどのように動くかを予想して駐車してください．

● 不審感を和らげるために

アンテナを林立させた車内に閉じこもってマイクを握ったり，電鍵を操作している姿は，アマチュア無線家から見れば普通の(むしろカッコいい，hi)ことですが，一般の人から見れば怪しさ爆発です．不審感を和らげるために，車の前後にコールサインと「移動通信実験中」といった文言の入ったプレートを掲示しておくのがよいかと思います．筆者はラミネート加工したものをワイパーに挟んでいます(**写真1-3-11**)．

● 自転車で移動運用

自宅近くには，東京湾から印旛沼経由で利根川へ至る全長50km以上にもなるサイクリング・コースがあります．自転車も趣味である筆者は以前からこのコースを行き来していましたが，最近は機材を担いでこのコースを走り，海岸で移動運用を行っています．その機材や運用方法を紹介します．筆者が乗っている自転車はマウンテン・バイクですが，クロス・バイクや軽快車(いわゆるママチャリ)でもOKです．

● 持っていく物

筆者のマウンテン・バイクには荷台(リア・キ

アマチュア無線用アンテナ お手軽設置ノウハウ | 21

写真1-3-12　自転車のリア・キャリアにチューナやパドルを入れた箱とポール，バッテリを積む

写真1-3-14　八洲電業社製　電動リール用バッテリ．出力11.1V/20Ah　重さ1.9kg

写真1-3-13　無線機やログ・ノートを入れたザック

写真1-3-15　コスモウェーブ　昇圧コンバータ．DC 11.1Vを13.8Vに変換

ャリア）を付けています．ここにバッテリ，DX-WIREの10mグラス・ロッド，チューナやパドルを入れた箱を積みます（**写真1-3-12**）．ザック（**写真1-3-13**）には無線機，ワイヤ（ダイポール用とバーチカル用），数本のカウンターポイズ，ログ・ノートなどを入れています．これだけで思い立ったときに「ゲリラ的運用」が可能です．

電源は釣りに使うリール用のリチウム・バッテリです（**写真1-3-14**）．八洲電業から出ているFishing Cubeというバッテリで容量は20Ah，重さは1.9kgです．価格は高いのですが，とても軽く，しかも少々の水滴でも大丈夫なので重宝しています．最近は車で移動の場合でもこれを使うことが多くなりました．出力電圧は11.1Vなので，別途購入した昇圧コンバータ（**写真1-3-15**）で13.8Vにしています．

無線機は八重洲無線のFT-817NDです．Fishing Cubeを使えば，5WでもほぼI日中QRVできます．モードにもよりますが50W機でも半日く

Chapter 01　アンテナ設置実例集

そうです．ちなみに，同軸ケーブルは3D-2Vを使用しています．長さは10mもあれば大丈夫です．

FT-817NDをはじめとしたQRP運用であるなら，ダイポールのエレメントに使用するワイヤは細くても良いかと思います．少しでも荷物も軽くしたいですからね．

バランも不要かもしれません．プラスチック・ボードにM型コネクタのメス座を付けだけの給電部でもOKかと思います．ちなみに筆者は以前発売されていたミズホのポケット・ダイポールの給電部(**写真1-3-17**)を流用し，細い線材をエレメントとしています．

ていねいに調整したダイポールは，チューナが不要なうえ，フルサイズならバンド内全域でSWRが低く，使用に耐えうるかと思います．

ダイポールのエレメント先端の固定は柵などの構造物，または岩などにくくり付けます．そういうものが何もなく，地面があるだけならばペグを使いますが，プラスチック製のもので十分です．ダイポールのエレメントを設置する方法が見つからなければ，垂直にエレメントを立てるバーチカル・アンテナにします(**写真1-3-18**)．レンガや鉄アレイなどのウエイトを持参するのは自転車移動では非現実的ですから．

● バーチカル・アンテナ

では，7MHz～50MHzにQRVできるバーチカル・アンテナを見てみます．まず次のものを用意します．

● ナット付きのM型中継コネクタ(**写真1-3-19**)
● バナナ・プラグを取り付けた9m長のワイヤ(エレメントになる)
● 同軸ケーブルを数m
● φ17mmの圧着端子に3m/6m/10mのワイ

写真1-3-16　DX-Wire 10mポールの先端5段を抜く

写真1-3-17　軽量ギボシ・ダイポール・アンテナ．ミズホのポケット・ダイポールの給電部を流用

らいは可能でしょう．

● ギボシ・ダイポール

アンテナは，スペースがあれば車での移動運用で使用しているギボシ・ダイポールを使います．ポールはグラス・ロッドの先端5段分を抜いたもの(**写真1-3-16**)を使います．そのあたりからならば，バランや同軸ケーブルの荷重にも耐えられ

アマチュア無線用アンテナ　お手軽設置ノウハウ | 23

写真1-3-18　海岸に設営したバーチカル・アンテナ

写真1-3-19　MJ-MJ中継コネクタ．締め付け用ナットがある

写真1-3-20　10mポールの継ぎ目部分をビニル・テープで巻く

ヤ各2～3本を接続したもの（カウンターポイズになる）

バナナ・プラグの付いたワイヤ・エレメントをグラス・ロッドにビニル・テープで留めていきます．伸ばしたロッドの数段ごとに，つなぎ目をビニル・テープで固定します（**写真1-3-20**）．こうしておくことで，上からの荷重でロッドが急に縮んでしまうこと（竿スットン）を防止します．同時にエレメントも留めておくとよいでしょう．伸ばしきったロッドを，柵などの構造物へ大き目の結束バンドを使って固定します．

次に，M型中継コネクタへバナナ・プラグとカウンターポイズが付いた圧着端子，そして同軸ケーブルをつなぎます．圧着端子はナットで固定しておきます．同軸ケーブルにはパッチン・コアを数個装着しておきます．

この部分が給電部（**写真1-3-21**）になるので，ビニル・テープや大型ピンチ（洗濯ばさみなど）でロッドに固定します．可能ならば，給電部はビニル袋などで覆っておくとほかの金属部分に触れたりしないので安心です．自宅で製作しておいてプラスチック製保存容器などに入れておくのもよいかと思います．

Chapter 01 アンテナ設置実例集

写真1-3-22 バーチカル・アンテナのチューニングに使用するMFJ-902B

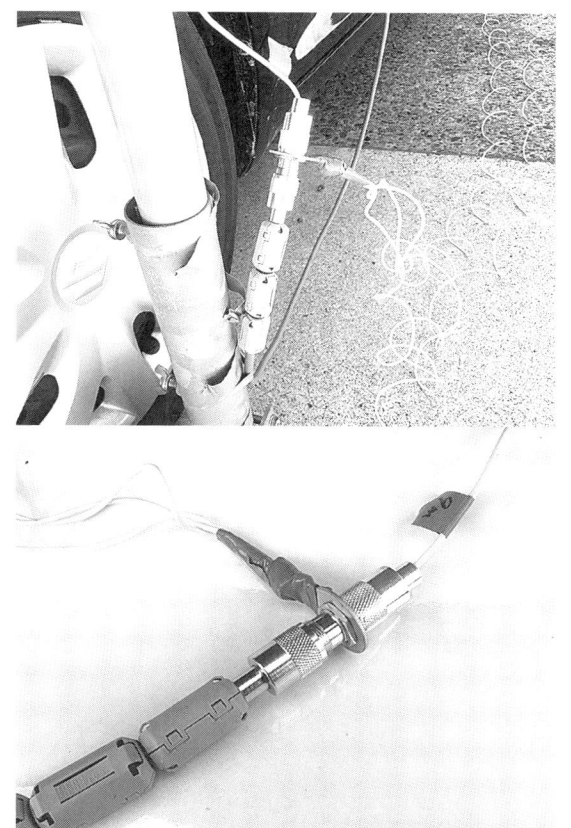

写真1-3-21 車に設置時のバーチカル・アンテナの給電部(上).同軸ケーブルにはコアを装着(下)

　調整にはマニュアル・チューナMFJ-902B(**写真1-3-22**)を使い,筆者の場合はこの長さと設置状況で7～50MHzをカバーできています.製作した当初,エレメントもカウンターポイズも10mだったのですが,SWRが落ちきらないバンドがあったり軽量化したりの試行錯誤をした結果,前述の長さに落ち着きました.

　なお,このバーチカルは車の移動運用でも使えます(出力を高くする場合は太い線材に変更する).筆者が使用しているタイヤベースにはDX-WIRE製グラス・ロッドの最下部(一番太い筒)が挿入できないので,その部分を外す必要がありま

す.長さがそれだけ短くなるので,気になる場合は1mほどの塩ビ・パイプをタイヤベース(ふみたてくん)に挿入し,添わせるようにグラス・ロッドを設営します.ビニル・テープでグルグル巻きにしたり,結束バンドで留めたりしてもよいでしょう.

• ポールの立て方

　話が前後しますが,ポールを立てる構造物などがない場合は,乗ってきた自転車を倒して土台に使います.ハンドルにポールを括り付けると,多少斜めになりますが十分実用になります.ただし,10mまで伸ばしきるのは危険なので,5mくらいにしておき,あくまでもハイバンドの運用にしておくことです.

● 徒歩で移動運用

　筆者は徒歩での移動運用も行います.自宅から出発するか,付近まで車などで向かうかの違いはありますが,目的地へ入る際の荷物に変わりはありません.

• 機材はザックに入れて運搬

　基本は自転車での移動と同じですが,機材はすべてザックに入れるか手で持つことになります.

アマチュア無線用アンテナ お手軽設置ノウハウ | 25

写真1-3-23　カメラ用ザックに装備一式をパッキング

ザックは自転車のときと違って容量の大きいものにしたほうが良く，筆者はカメラ用のザック（**写真1-3-23**）を使っています．カメラなどの機材を保護するためにクッションがふんだんに使われていて，かつ仕切りが多く細かいものを入れておくにも便利です．

またカメラ用のザックの外側には三脚をくくり付けられる部分があります．最近は三脚を基台にアンテナを設営される局も多いので，重宝するのではないかと思います．筆者はここにDX-WIREのグラス・ロッドを付けています．

- **アンテナは無線機に直結**

ただ，このような装備を最初から準備するのは大変なので，筆者が初めて徒歩運用を行ったときのことを紹介します．

FT-817NDにエネループを電源として，アンテナ端子に第一電波工業のRHM8Bを接続し，後部にあるGND端子に5m長のワイヤを数本カウンターポイズとしてつなぎました．容量のない電池での運用なので，出力は1〜2W前後でしたが，CWはもちろん，SSBでも51〜55のレポートをいただきQSOができました．

もちろん，オン・エアするのがHFでなければ，ハンディ機で十分かと思います．ただし，アンテナはゲインのあるアンテナ・メーカーの製品を用意することをお勧めします．アンテナ選択の基準は「長いもの」にすると間違いありません．対応バンドや価格が同じものなら，長いものを選んだほうがより遠く，たくさんの局との交信できるでしょう．

● **注意など**

先にも書きましたが，アンテナを立ててごそごそやっているようすは，かなり怪しい姿に映ります．車には「アマチュア無線運用中」の看板掲げたり，自転車や徒歩移動なら，人のいる方向に顔を向けておきましょう．

また「愛想良くしろ」とまでは言いませんが，話しかけられたら返答し，ついでにアマチュア無線というものを説明したいものです．筆者は，QSOの最中でも送信を中断してでも他人の問いかけには対応すべきだと考えています．面倒くさいという表情を見せたり，あからさまな無視をしてしまうと，問いかけた人は不愉快になるばかりではなく，「怪しいのがいる」と当局へ通報という行動に出るおそれが大きくなります．そうなってしまったら，移動運用どころではありません．

また移動運用の局の信号が急に消えてしまったときは，何らかのトラブルがあったと思ってください．それは電源かアンテナの不具合か，または警察官による職務質問かもしれません．再開されるまで少々待ってくださるとありがたいです．

Chapter 01　アンテナ設置実例集

写真1-3-24　ラジオの一例．TECSUN PL-660

写真1-3-25　家族の買い物中にスーパーの屋上駐車場でオン・エア．アンテナは第一電波工業 RHM8B

天候にも留意しましょう．アンテナなどは落雷による危険がありますし，強風だと倒壊のおそれが出てきます．また，1時間あたりの降水量が基準以上になると通行止めになる道路があるので，注意が必要です．地震などによるがけ崩れや津波などにも気をつけましょう．皆さんは東日本大震災における映像などで津波の力を再確認されたと思います．

無線機以外に中波放送の受信ができるラジオ（**写真1-3-24**）があるといいでしょう．天候の急変や地震などの場合の情報収集には最適かと思います．中波だと雷が近づけば「パリパリ」というノイズが入りますので，これも目安になるかと思います．

● とりあえずやってみる

いろいろと書いてきましたが，これは「筆者の場合」です．皆さんのそれぞれの環境や嗜好があると思いますので，アレンジしたり，まったく逆のことをやってみてもいいと思います．

また「とりあえずやってみる」ということで，いつも自宅でお使いの無線機を車に積んでモービル・ホイップでQRV（**写真1-3-25**）してみたり，連絡用にしか使っていないハンディ機を持ってショッピング・モールの屋上からオン・エアしてみたりするといいでしょう．それはすでに「移動運用」です．そこからご自分の「楽しいと思うこと」を探していけばよいかと思います．

仕事上の先輩に「つまらないと思ったら自分の環境を変えてみろ」と言われたことがあります．すでにあるものを変えるのは難しいし，ましてや他人を変えるなんてことはおこがましい．だったら自分の考え方や視点を変えてみようということです．アマチュア無線という趣味でも，その考え方は当てはまるかと思います．

もっと遠いところ，もっと多くの局とQSOしたいと望むのであれば，リグとアンテナを持って自分自身が外に出ましょう．それが一番簡単で，劇的に環境を変える唯一の方法だと思います．では，お空で，また移動運用先でお会いしましょう．

（JF1JAY 岩田　学　いわた・がく）

1-4　海外からの運用編

DXバケーションでのアンテナ

　DXバケーションでハム仲間と海外に出かけて運用する際，レンタル・シャックは別にして，いつも頭を悩ませるのがアンテナです．最近は航空会社の荷物制限が厳しいので，控えめのアンテナになりがちでした．

　2015年1月，XRØYJのコールサインで運用したイースター島には，思い切ってHEX-6（14～50MHz）というビーム・アンテナをはじめ，1.8MHzや50MHzなど，かなりの数のアンテナを持って行きました．国際線は6人×2個（1個23kg）の荷物を預けることができたためで，結局預け荷物はスーツ・ケース7個と1m長のアンテナ・ケースが3個になりました．

● HEX-6

　今回，筆者はイースター島で初めてHEXビームの組み立てと撤収作業を，じっくり見学できました．

　作業を行ったJA3IVU 北井さんとJH3LSS 宮川さんは，これまで日本で何度もテストを行ったうえ，XT ブルキナファソやA5 ブータンなどで

写真1-4-1　折りたたんだ状態

写真1-4-2　まずマストを立てる位置を決める
手前の三脚は仮展開用

写真1-4-3　マストを伸ばしてステーを張る

写真1-4-4　いったん下げておく

28　アマチュア無線用アンテナ　お手軽設置ノウハウ

Chapter 01　アンテナ設置実例集

何度も上げたり降ろしたりを経験しています．実に見事な作業ぶりで，1時間ほどで組み上がってしまいました．高さは5mほどにすぎませんが，実際の運用でも威力を発揮しました．

組み立てのようすは，**写真1-4-1～写真1-4-9**をご覧ください．また，HEX-6の詳細について，宮川さんから次のようなレポートをいただきました．海外に限らず移動運用する方にとって，組み立て・分解・パーツの故障時のアドバイスなど，参考になると思います．

▶ HEX-6アンテナの組み立てと設置

DXバケーションに持参するアンテナは，コンパクトで軽量，設置が容易，再現性の高いものが望ましく，5バンド折りたたみ式の「HEX-5」ビーム・アンテナに注目しました．

写真1-4-5　展開にはステー類がじゃまになるので別の場所の仮展開用マストにHEX-6をセット

写真1-4-6　展開開始

写真1-4-7　慎重に展開

写真1-4-8　展開完了

写真1-4-9　先にステーを張って設置してあったマストに移し，持ち上げれば完成

アマチュア無線用アンテナ　お手軽設置ノウハウ

製造元は独Foldingantennas社（**http://www.foldingantennas.com**）．アジア地域総代理店のRadio Parts Japanにお世話になり，2012年末にキットを購入しました．オプションの6mキットも購入したので，完成したアンテナはHEX-6と呼んでいます．

構造は，中心になるアルミ・ポールに三つ折りできる6本のスプレッダとそれを支えるホルダが骨格となっており，これにエレメントのワイヤとサポータのコードから構成されています．現モデルは第3世代目のもので，スプレッダを逆傘状から水平にすることにより，スプレッダにかかるテンションが小さくなり，大幅な軽量化が図られています．

性能は，ダイポール比3～4dB，*F/B*比ピーク20dB，*SWR*＜2，最大許容電力1500W PEP．回転半径約3.20m，重さ約6kg，分解時のサイズは約1.15m×15cm×15cmです．

初回の組み立てには，丸1日はかかりますが，一度組み立てと調整が終われば，折りたたみと再組み立ては容易．特性の再現性もあり，片手で持ち上がるほど軽量です．

再組み立てを容易にするコツは，折りたたむときにスプレッダごとに周辺のワイヤ類を絡まないようにまとめて，スプレッダにビニル・テープで止めておくことです．これを怠るとワイヤ類が絡んでしまい，展開できなくなります．さらに，ワイヤ・クリップは，スリップを防ぐため調整後は接着剤で固定するかビニル・テープでしっかりと巻いておきます．

運搬には，別売りで用意されているプロテクション・バッグを利用して，これに約5mの伸縮ジュラルミン・ポールやステー・ロープなどを同梱しています．航空荷物の制限の115cm×15cm×15cm（115+15+15=145cm）に収まるので好都合です．

事前に国内の移動運用でテストを行い，組み立て練習やデータを取り，もちろん交信もしてみました．XTブルキナファソに出発する前にも，組み立て演習を行って万全を期しました．おかげで，その後のブータン，今回のイースター島でもスムーズに上がり，活躍してくれました．

これまでに起きた故障にも触れておきましょう．アンテナを倒してしまい，スプレッダとホルダの接続部分で軸の破損が起きたことがあります．代理店経由でスプレッダ一式を取り寄せて取り替え，修理をしました．破損したスプレッダは，プラスチックの軸の部分を6mmのアルミ棒に取り替えて，予備として保管してあります．付属品の極大クランプ・オン・フェライト・コアが衝撃に弱いので，落としたりスーツ・ケースに無防備に入れたりしておくと，破損する恐れがあります．現に2個も破損させています．高価なコアなのでできれば機内持ち込みの手荷物で大事に運ぶのがよいでしょう． ＜de JH3LSS＞

● **デルタ・ループ**

JA3IVU 北井さんが持参した21MHz用デルタ・ループ（**写真1-4-10**）も，イースター島でよく働いてくれました．1人でアッという間に立ち上がってしまい，2局同時運用に威力を発揮しました．

北井さんは，このアンテナとともにブータンなど海外各地で活用しています．ブータンではベランダから水平に繰り出すなど，環境に応じて立ち上げられるのも利点です．

このアンテナについて，北井さんのレポートを

Chapter 01 アンテナ設置実例集

写真1-4-10　XR0YJ イースター島で設置したデルタ・ループ

写真1-4-12　XT ブルキナファソでのデルタ・ループ

写真1-4-11　A5 ブータンでは水平に設置

次に紹介します．

▶ デルタ・ループの紹介

　今回，イースター島で使用したデルタ・ループ・アンテナは，故JA3UB 三好二郎さんが数々の海外運用で使用されていたものです．21MHz用とローディング・コイルを追加した18MHz用，それに24MHz用の，2本で3バンドに使えます．

　構造は，5.4mの釣り竿の中にステンレスのワイヤを通して1λとしたもので，基部の取り付け部分はT字型のエスロン・パイプを90度ずらして2本の釣り竿を通しています．給電部に4:1のバランを取り付け，50Ωの同軸ケーブルで給電します．

　とにかく構造が簡単で軽くて組み立てやすく，10分もあれば立てられます．地上高3mでもよく飛びます．今まで，A5 ブータン(写真1-4-11)に2回，XT ブルキナファソ(写真1-4-12)に3回持参し，大活躍しました．立て方も環境に応じて垂直・水平どちらにも応用が効きます．

　このアンテナの製作者は不明なので最大入力はわかりませんが，私は100Wまでで使用しています． <de JA3IVU>

● 1.8MHz用ダイポール

　イースター島での運用にあたっては，世界各国のハムからトップバンド(1.8MHz)のリクエストが寄せられました．筆者たちもできれば運用したいと考え，ワイヤ類を多めに持っていきました．

　宿泊したドミトリー「Hare Kapone」の庭は結構広かったのですが，立木が多くて，1.8MHzに意欲を持って取り組んだJH3LSS 宮川さんとJI3DNN 島武さんは，アンテナ建設には大変苦労しました．

　はじめに，逆L型のロング・ワイヤ・アンテナを上げましたが，同調点が見つからず断念．急きょダイポールに変えました．給電点が地上高約6～7m．敷地内を複雑に折れ曲がって，なんとか長さ80mのワイヤを展開した「折れ曲がりVeeダイポール」でした．その設置状況を写真1-4-13～写真1-4-18，図1-4-1に示します．

　1.820MHz付近で同調するようにエレメント

写真1-4-13 ① ここがスタート

写真1-4-15 ③ 給電点は高さ6.8m

写真1-4-14 ② 木の下を通過

写真1-4-16 ④ 写真左に一つ目の折り返し点　真ん中はHEX-6

長を調整しましたが，最終的にSWRは1：2.0までが限度でした．

果たして，このアンテナで飛ぶのか？　半信半疑でオン・エアしました．成果は，アメリカの局とかろうじて2ケタになりましたが「イースター島とは過去4回，1.8MHzでの交信に挑戦して失敗しているが，今回初めて交信できた」と喜びのメールをいただきました．どんな環境でもあきらめてはいけないな…，と思いました．

● まとめ

海外への移動運用に使うアンテナはどんなものがいいのか？　この質問にピシっと答えるのは「大変難しい」というのが正直なところです．

しかし，今回は過去に比べ，持って行ったアンテナの種類が豊富で，ダメとわかれば即座にアンテナを取り替える，アンテナの実験好きがそろっていました．結果として，今回のパターンが筆者たちにとっては「一番いいのかな」との思いを強くしました．

Chapter 01　アンテナ設置実例集

図1-4-1　1.8MHz用ダイポールの展開図

写真1-4-17　⑤ 二つ目の折り返し点

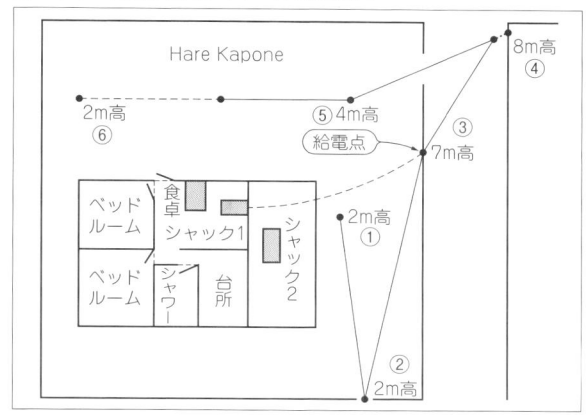

写真1-4-18　⑥ 終点

写真1-4-19　現地で急きょ作った7MHz用ダイポール
地上高は低いがちゃんと飛んでいく

時期にもよりますが，ハイバンドのオープンが期待できるなら，14MHz以上はぜひともビーム・アンテナが欲しいですね．初めて組み立てと撤収作業をじっくり見ることができたHEX-6は，筆者にとってはカルチャー・ショックものでした．

そのほかに，手軽に立てられる21MHz用デルタ・ループなどハイバンドのシングルバンド用アンテナ，それにローバンド用のワイヤ系アンテナも必須です．地形に応じてバーチカル，ロング・ワイヤ，ダイポールとパターンを変えられるのが望ましいです．

　写真1-4-19は，現地で急きょ作った7MHz用ダイポールですが，こんな低いアンテナでもロケーションによっては飛ぶのです．それと，同軸ケーブルと延長コネクタは事情が許すかぎり多めに持っていくことが必要です．結果的に無駄になっても…，です．

　次回，可能なら持っていきたいなと思っているアンテナは，CrankIRなどSteppIR社の垂直系アンテナです．次回，恐らくは2016年のDX-Vacationを見据えて，仲間とのアンテナ談義が始まります．

　　　　　（JA3AVO 中出 眞澄　なかで・ますみ）

アマチュア無線用アンテナ　お手軽設置ノウハウ | 33

Chapter 02

自宅に設置するお手軽アンテナ

　ビギナー・ハムやカムバック・ハムの方が，最初に設置するお勧めのベランダ・アンテナを，いくつか紹介します．できるだけ簡単でコンパクトにアンテナを設置してみましょう．
　簡単なアンテナを設置してしばらく楽しんだあと，力を入れて楽しみたいバンドが見つかったら，本格的なアンテナにステップ・アップすればいいのではないかと思います．

2-1　V/UHF用アンテナの取り付け

　自宅に立てるアンテナとして，最もお手軽に立てられるV/UHF用をいくつか設置してみます．

モービル・アンテナ用ベランダ取付金具を使ってアンテナを設置

　最も手間をかけずにアンテナを設置するなら，ベランダの手すりにモービル・ホイップを取り付けることです(**写真2-1-1**)．モービル・ホイップは自動車用のアンテナとはいえ，アンテナとしての性能は十分にあります．まずは，ここからスタートしてみるといいでしょう．

● 用意するもの

　次のものを用意してアンテナを設置しました．
取り付け基台…モービル・アンテナ用ベランダ取付金具 第一電波工業 BK10(**写真2-1-2**)．
車載用同軸ケーブル…MLJ型-MP型コネクタが取り付けられている(**写真2-1-3**)．車内引き込み用の細いケーブルを採用していないもの．
モービル・ホイップ…アースが不要のノンラジア

写真2-1-1　設置するアンテナのイメージ

34　アマチュア無線用アンテナ お手軽設置ノウハウ

Chapter 02　自宅に設置するお手軽アンテナ

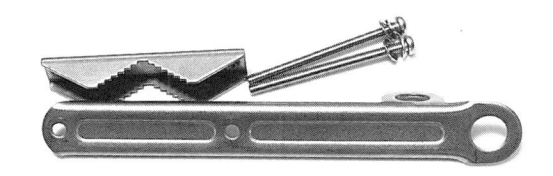

写真2-1-2　ベランダ取り付け金具「BK10」
コネクタの取り付け穴が二つある

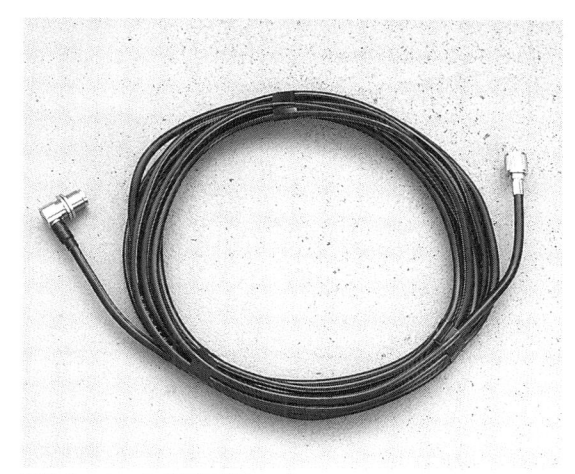

写真2-1-3　車載用同軸ケーブル
市販品では最大7mまであるので余裕を持った長さがお勧め

写真2-1-4　手すりを利用して金具を取り付ける
手すりの縦方向と横方向のどちらのパイプにも取り付けられる．取り付けが可能なマストの太さは，外径25〜60mm

ル・タイプを用意します．自宅で使う場合は，利得を優先して長め（1.5m程度）のアンテナがお勧めです．ここでは第一電波工業製 SG7900（144/430MHz　ノンラジアル・タイプ 1.5m 長）を使用しました．しかし，設置状況によっては，長さ1m以下の短めのアンテナを選びます．

● アンテナを設置する

　アンテナは次の手順で設置します．

① ベランダの手すりにモービル・アンテナ用ベランダ取付金具を取り付ける（**写真2-1-4**）．ここでは縦のパイプに取り付けたが，横のパイプに取り付けることもできる．

② 車載用同軸ケーブルを金具に取り付ける（**写真**

写真2-1-5　車載用同軸ケーブルを取り付ける

アマチュア無線用アンテナ お手軽設置ノウハウ | 35

写真2-1-6 アンテナを基台に取り付ける

写真2-1-7 設置したアンテナ

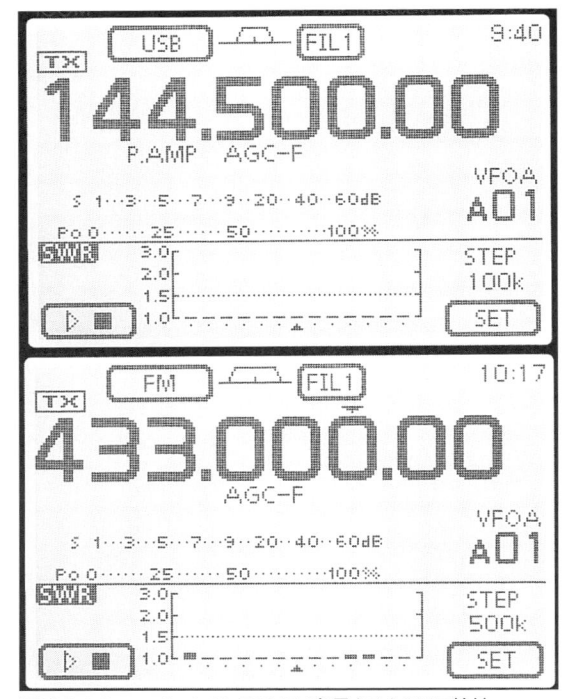

写真2-1-8 アイコム IC-7100に表示させたSWR特性
145MHzを中心に前後500kHzで*SWR*は1.0を示している。バンド全体でも*SWR*は1.2以下だった（上）．433MHzを中心に前後2.5MHzで低いSWR値を示している．バンド全体でも*SWR*は1.5以下（下）

2-1-5)．ケーブルの長さは各種あるが，できればちょうどいい長さを選びたい．足りない場合は，中継コネクタを使って同軸ケーブルを延長させる（延長方法はp.40からの「同軸ケーブルのつなぎ方」を参照）．

③ アンテナを基台に取り付ける（**写真2-1-6**）．

以上で設置は終了です（**写真2-1-7**）．144/430MHz用のノンラジアル・モービル・ホイップの場合は，調整を行わなくても正常に動作します．念のため，アンテナの*SWR*を測ってみたところ，144MHzも430MHzもバンド内で低い*SWR*が確認されました（**写真2-1-8**）．

● アンテナを設置して

このアンテナでは，安定して遠距離との交信を

Chapter 02　自宅に設置するお手軽アンテナ

写真2-1-9　設置するアンテナのイメージ

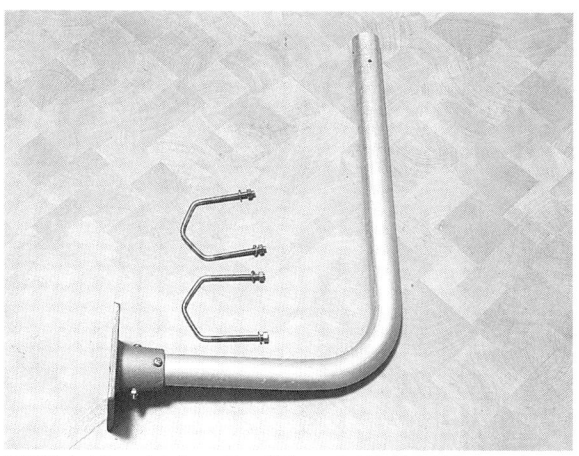

写真2-1-10　パイプ・ベランダ用アンテナ取付金具「BK40」

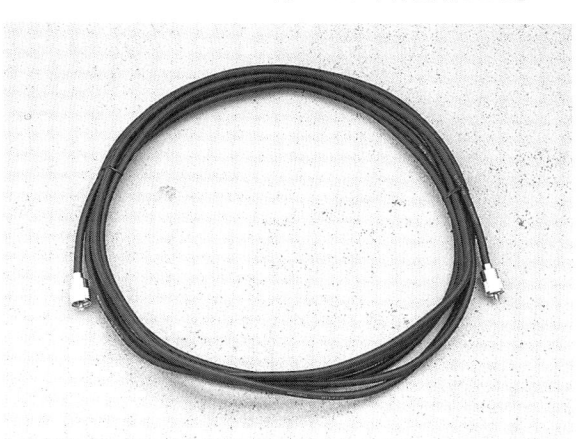

写真2-1-11　使用する同軸ケーブルは価格と取り回し、安さを考慮して5D-FBを選択

行うのは難しいですが，近距離向けのアンテナとしては十分に機能します．集合住宅の高層階にお住まいなら，申し分ない性能を感じられるでしょう．

　将来，GPや八木アンテナなどにアンテナをグレードアップした際も，サブ・アンテナとして活用できると思います．

パイプ・ベランダ用アンテナ取付金具を使って小型GPを設置

　もう少し大きなアンテナを取り付けてみます．ここでは，小型のGP（グラウンド・プレーン）を，パイプ・ベランダ用アンテナ取付金具を使い，取り付けます（**写真2-1-9**）．

● 用意するもの

　次のものを用意して，アンテナを設置します．
取り付け金具…第一電波工業 パイプ・ベランダ用アンテナ取付金具 BK40（**写真2-1-10**）．
小型GP…取付金具は長さ3.5m，重さ2kgまでのアンテナに対応しますが，十分な余裕を持ったサイズのアンテナを選びます．ここでは第一電波工業 X50（長さ1.7m）を使用しました．
同軸ケーブル…5D-FB（**写真2-1-11**）や8D-FB程度の低損失の同軸ケーブルがお勧めです．長さ

アマチュア無線用アンテナ お手軽設置ノウハウ | 37

写真2-1-12　ベランダの手すりにBK40を設置

写真2-1-14　使用していないエアコン用の穴を利用して同軸ケーブルを引き込む
穴をあけたキャップに通す

写真2-1-13　小型GPを設置
同軸ケーブルが風で動かないように，結束バンドで留めておく

写真2-1-15　隙間ケーブルを利用した同軸ケーブルの引き込み

は，実際に設置する長さを測ったうえで，多少余裕を持った長さを選ぶといいでしょう．

● **アンテナを設置する**

次の手順でアンテナを設置します．

① 取付金具BK40を手すりに取り付ける(**写真2-1-12**)．取り付けられる手すりの太さは，丸パイプで直径22～62mm，角パイプでは縦62×横50mm．この金具は，縦方向のパイプにも横方向のパイプにも取り付けられる．

Chapter 02 自宅に設置するお手軽アンテナ

写真2-1-16 設置が終了したアンテナ

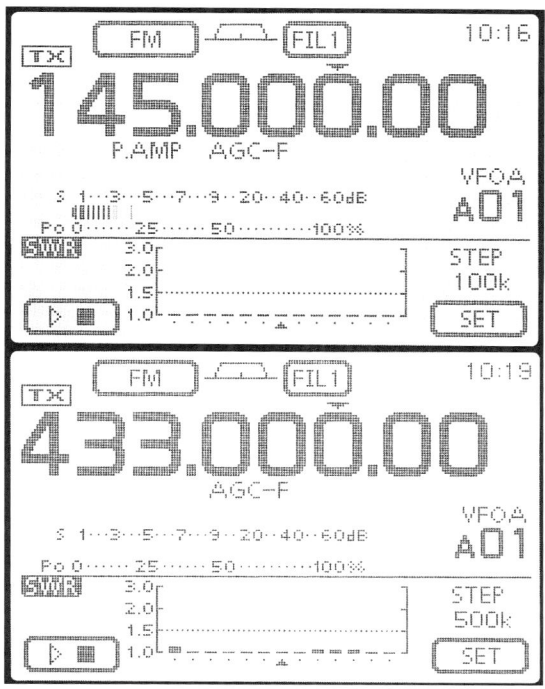

写真2-1-17 アイコム IC-7100に表示させたSWR特性
145MHzを中心に上下500kHzはSWRメータのバーが表示しないほど低い値(上).433MHzを中心に上下2.5MHzは低い値を示す(下)

② アンテナを取り付ける.事前にアンテナはすべて組み立てておき,マストに取り付けるためのVボルトも,あらかじめマストの太さに近いところまで締め込んでおく.ラジアルの位置は金具より上に出るようにすること.
③ 同軸ケーブルは,風で動かないように結束バンドで金具に留めておく(**写真2-1-13**).エアコンの穴(**写真2-1-14**)や隙間ケーブル(**写真2-1-15**)などを利用して,家の中に引きこめ

ば設置完了.

● アンテナを設置して

　取り付けたアンテナ(**写真2-1-16**)は,完全無調整タイプなのでこのまま使えるはずです.しかし,できれば正常に動作しているかどうかを確認しておきたいところです.そこで,無線機のSWRメータで確認しました.バンド内全域で低い値のSWR値を得られています(**写真2-1-17**).

　もし,SWRが高い場合は,接触不良などの何らかの不具合が考えられます.アンテナ本体,同軸ケーブル,接続方法,設置場所(壁に近すぎないか)などをチェックしてみてください.

　GPはモービル・ホイップに比べると風で揺れたりしないため,安定して交信ができます.

アマチュア無線用アンテナ お手軽設置ノウハウ | 39

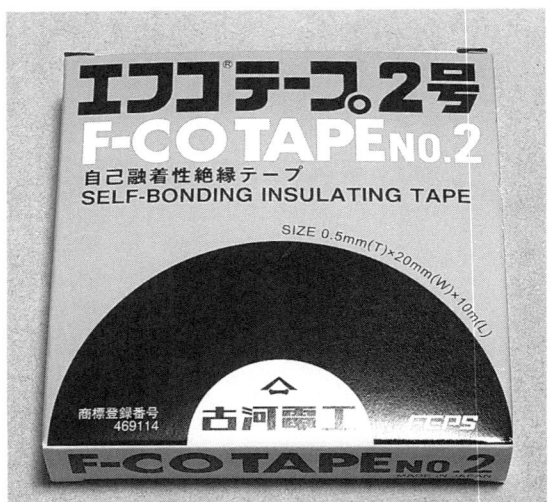

写真2-1-18　自己融着テープ「エフコテープ2号（古河電工）」

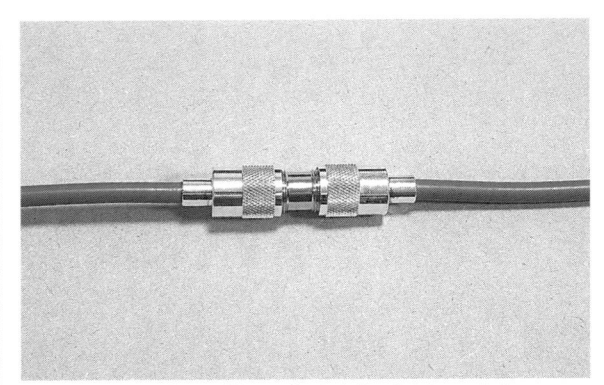

写真2-1-19　2本の同軸ケーブルを中継コネクタでつなぐ

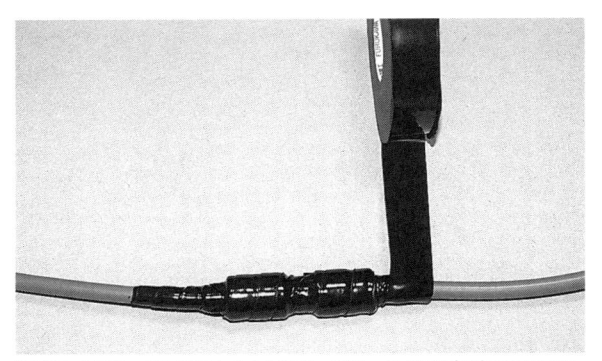

写真2-1-20　少し細くなるように引っ張り，半分程度重なるようにしながらテープを巻いていく

同軸ケーブルのつなぎ方

　同軸ケーブルは，なるべく1本でアンテナから無線機までをつなぎたいのですが，どうしても途中でつながなければならないこともあります．

　同軸ケーブルの接続自体は，中継コネクタを使うだけなので問題ありません（少し減衰しますが）．しかし，つないだ場所が屋外なら，防水と絶縁の加工が必要になります．そこで自己融着テープとビニル・テープを使って加工を行います．

　自己融着テープは，触ってもビニル・テープのように手にくっつきませんが，引っ張りながら対象物に巻くことによって，強力な粘着力が出る不思議なテープです．

　ここでは，中継コネクタを使って同軸ケーブルをつないだときの，防水処理を行う方法を紹介します．

● 用意するもの

　次のものを用意します．

- 延長用の同軸ケーブル
- MJ-MJ型中継コネクタ
- 自己融着テープ（**写真2-1-18**）
- ビニル・テープ

● 作業手順

　作業は次の手順で行います．

① 同軸ケーブルを中継コネクタでつなぐ（**写真2-1-19**）．

② 自己融着テープを同軸ケーブルの上から巻く．その際，少し細くなるように（幅が約2mm細くなる程度）に引っ張りながら，テープの幅が半分くらい重なるように巻いていく（**写真2-1-20**）．巻き終わったら，今度は逆方向へもう1回テープを巻いていく（**写真2-1-21**）．巻き終わり部分も，少し引っ張りながら貼り付

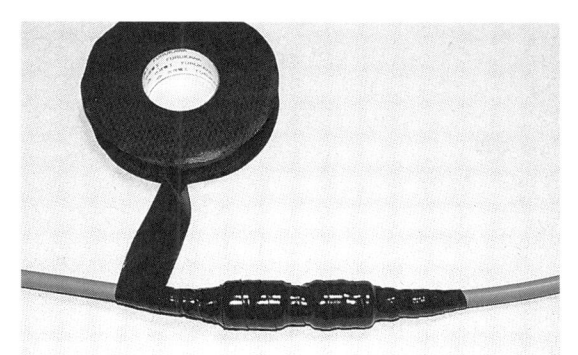

Chapter 02　自宅に設置するお手軽アンテナ

写真2-1-21　逆方向へもう一度同じように巻く

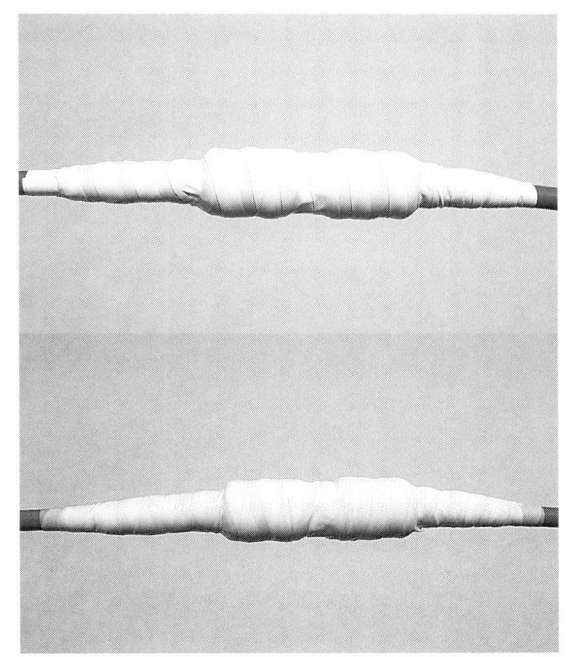

写真2-1-22　上からさらにビニル・テープを2回巻くと完成

写真2-1-23　給電部の防水加工

けること．
(3) 巻き終わった自己融着テープの上に保護用のビニル・テープを巻いていく．ビニル・テープも1往復させれば完成(**写真2-1-22**)．

　テープを巻き終わった接続部分は，かなり厚くなっているはずですが，それだけしっかり防水できていることを表します．

　写真ではわかりやすいようにビニル・テープの色を変えていますが，同軸ケーブルと同じ色を選べば目立たなくていいでしょう．

● 給電部などにも

　防水加工は，アンテナの給電部に同軸ケーブルを接続したときも，同様に行います．

　その際，仕上げに巻くビニル・テープは，上部から巻き始めて下部で巻き終わり，さらに上部に向かって巻いていきます．こうすることで，雨水がスムーズに流れる巻き方になります(**写真2-1-23**)．

　これまで，ビニル・テープだけで防水加工を済ましている人も多いと思いますが，自己融着テープの併用をお勧めします．

（CQ ham radio編集部）

アマチュア無線用アンテナ お手軽設置ノウハウ | 41

2-2　HF固定局用アンテナの取り付け

　ここでは，グラウンド（アース）がいらないHF～UHFに対応するマルチバンドGPとHF5バンドに対応するV型ダイポールをベランダに設置します．HF用アンテナはグラウンドの確保で頭を痛めることが多いため，グラウンドが不要のアンテナは大いに助かります．

アンテナ取付金具の設置

　コンパクト・タイプとは言え，HF用のアンテナはどうしてもサイズが大きめなので，しっかりとした取付金具を用意します．

　秋葉原のハムショップ「ロケット」では，オリジナルのベランダ用取り付け用のマスト・スタンド・ホルダと，それに組み合わせて使うオプションのラインナップが豊富にあります．いろいろな状況での設置に対応できるでしょう．

● 用意するもの

　ここでは，コンクリートはさみ込み金具 MB7（**写真2-2-1**）とマスト・スタンド・ホルダのMS30（**写真2-2-2**）を使います．さらに腕が長いモデルもありますが，落下の危険があるので取り付けられません．重量を軽くするためにマスト・パイプも使わず，マスト・スタンドに直接アンテナを取り付けます．手すりの保護が必要な場合は，必要な部分にゴム・マットを置きます．

● 設置手順

① はさみ込み金具を手すりに取り付ける．上からかぶせられない手すりの形状（**写真2-2-3**）であれば，一度2分割してから（**写真2-2-4**）取り付ける．

② 今回，取り付けた手すりの壁面には突起があるため，はさみ込み金具がうまく取り付けられない形状だったので，スペーサとして板を取り付

写真2-2-2　マスト・スタンド・ホルダMS30（全長295mm）

写真2-2-1　コンクリートはさみ込み金具MB7

写真2-2-3　直接上からはさみ込めない形状の手すり

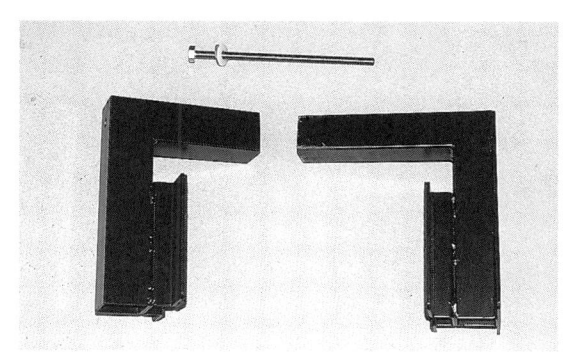

Chapter 02　自宅に設置するお手軽アンテナ

写真2-2-4　金具を2分割してから取り付ける

写真2-2-7　マスト・スタンド・ホルダを取り付けて完成

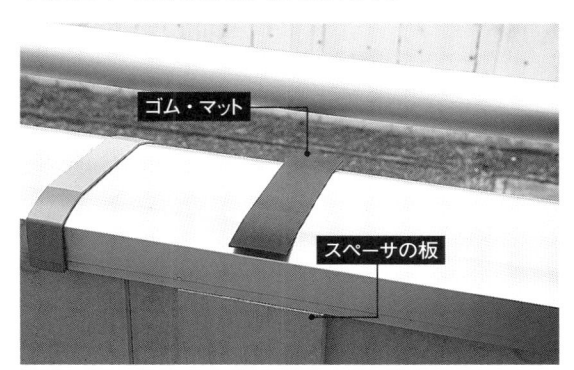

写真2-2-5　スペーサの板と保護用のゴム・マットを使う

写真2-2-8　外側への設置が危険であれば，内側に設置する方法もある

写真2-2-6　上部のナットをしっかり締めて固定

けた．手すり上面には保護用のゴム・マットも設置（**写真2-2-5**）．

③ はさみ込み金具を手すりに取り付ける．上側のナットを締めてしっかりと固定させる（**写真2-2-6**）．

④ マスト・スタンド・ホルダをはさみ込み金具に取り付ける．4か所のボルトとナットをしっかり止める．工具や部品を落下させないように細心の注意を払うこと．

以上で設置完了です（**写真2-2-7**）．

● 設置上の注意

このはさみ込み金具とマスト・スタンド・ホルダで取り付けられるアンテナの重量は3kgまでです．移動運用も視野に入れた軽量のアンテナを選ぶことになります．

重量物が建物の外に出るので，不安な場合はマスト・スタンド・ホルダがベランダの内側になるように設置するのも一つの方法です（**写真2-2-8**）．アンテナの効率は下がるかもしれませんが，安全を優先させることは大切です．

写真2-2-9 8バンド・グラウンド・プレーン CPVU8

写真2-2-10 屋内型アンテナ・チューナの例
アイコム IC-7100（上：操作部，中：本体）と純正オート・アンテナ・チューナAT-180（下）

マルチバンドGPの設置

　グラウンドの確保が不要なアンテナとして，GPを取り付けます．ここでは，第一電波工業 CPVU8を取り付けます（**写真2-2-9**）．HF用のGPは重いアンテナが多いのですが，重量が2.4kgなので設置したマスト・スタンド・ホルダに取り付けられます．このアンテナは3.5/7/14/21/28（29）/50/144/430MHzの8バンドに対応するため，スペースに余裕がないベランダ・アンテナとして最適です．

　取扱説明書によると，HF帯は短縮率の高いアンテナなのでアンテナ・チューナを併用するようにとの記載があります．トランシーバ内蔵のチューナもしくは，外付けの室内型チューナ（**写真2-2-10**）を用意しておきます．

　このアンテナは，一般的なHF用GPに比べると全長は短いのですが，それでも2.7m（ラジアルは最長約1.3m）あります．アパートやマンションの中間階に設置する場合は，上階に干渉しないことを確認しておく必要があります．

● アンテナの設置

　次の手順でアンテナを取り付けます．

① アンテナは，ラジアルの取り付けを残し組み立てておく．ラジアルは，アンテナをマスト・スタンドに設置してから取り付けると作業が行いやすい．給電部のコネクタへの防水加工は必要ない．

② 途中まで組み上げたアンテナをマスト・スタンド・ホルダに取り付ける（**写真2-2-11**）．マストの上端は，ラジアル・リングよりも上に出ないようにする．

③ ラジアルを取り付ける．3.5MHzと7MHzはできるだけ壁から離れる位置で，できれば隣り合わせにならない位置に取り付けたい．

　ひとまずこれでアンテナの設置は終了です（**写真2-2-12**）．

　ラジアルは片方向に寄せることもできますが，アマチュアバンド内で同調しないバンドが出てくる恐れがあります．基本的にはお勧めしません（メーカーも保証していない）．

Chapter 02　自宅に設置するお手軽アンテナ

写真2-2-11　途中まで組み立てたアンテナをマスト・スタンド・ホルダへ取り付ける

写真2-2-12　アンテナの取り付けが完了

● アンテナの調整

　続いてアンテナ調整に移ります．調整は高いバンドから行います．アンテナ・チューナはスルー（未接続状態）にしておきます．バンド内の希望の周波数でSWRが2以下になるようにします．高い周波数に合わせるときはエレメントを短く，低い周波数に合わせるときはエレメントを長くします．

① 144/430MHzのSWRを確認する．調整点はないので，正しく組み立てていればSWRは下がっている．

② 50MHzのSWRを確認し，ラジアルの長さを調整してSWRの最低点を調整する．

③ 28〜3.5MHzは高い周波数から順に調整する．まずラジエータ・エレメントを調整し，SWRを2以下に合わせる．SWRが2以下にならないときは，最もSWRが下がる長さにしておく．続いてラジアル・エレメントを調整し，SWRが最も下がる位置に合わせる．これを28MHzから順番に3.5MHzまで繰り返す．

④ 各バンドのSWRをもう一度確認し，必要に応じて再調整をすれば，調整完了．設置したアンテナのSWR実測値は**表2-2-1**のとおり．

　マルチバンド・アンテナでは，一部のバンドでSWRが下がりきらないことも多いのですが，このアンテナでは，ほとんどのバンドでSWRは気持ちよく下がってくれました．ただし，設置環境によって，SWR値は大きく変わります．

● 使ってみて

　HF用のGPとしては，最もコンパクトな部類に入るアンテナです．短縮率が大きいのでSWRが

アマチュア無線用アンテナ お手軽設置ノウハウ | 45

表2-2-1　CPVU8のSWR実測値　　〔単位：kHz〕

バンド〔MHz〕	SWR最低点（SWR値）	SWR 2.0以下の範囲
3.5	3545（1.1）	3535〜3555
7	7100（1.1）	7086〜7116
14	14165（1.1）	14100〜14277
21	21250（1.0）	21190〜21330
28	28650（1.7）	28560〜28730
50	50600（1.2）	50340〜51350
144	144600（1.3）	バンド全域1.5以下
430	436100（1.0）	バンド全域1.2以下

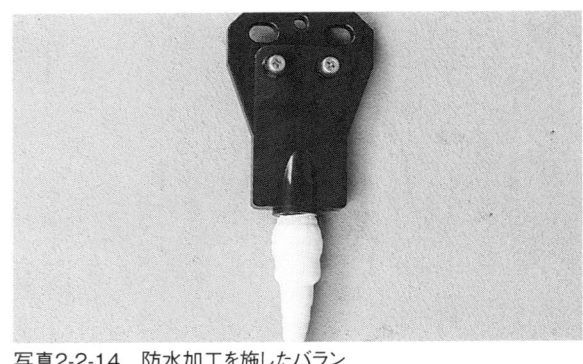

写真2-2-14　防水加工を施したバラン

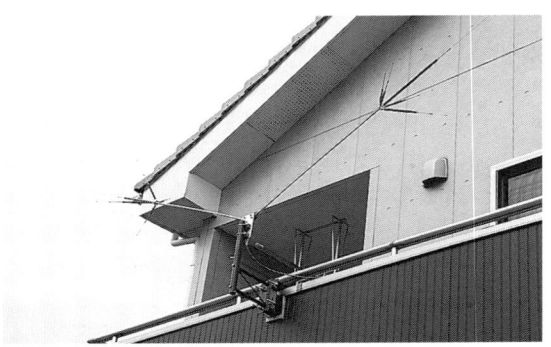

写真2-2-13　5バンドV型ダイポール　第一電波工業 HFV5

低い帯域幅は狭いですが，アンテナ・チューナを利用すれば，ほとんどの周波数をカバーします．

V型ダイポールの設置

ベランダ・アンテナとしても使いやすい，短縮型マルチバンドV型ダイポールを設置します．1本で多くのバンドが運用できるので，コンディションに合わせて運用バンドを変えられます．

ここでは，第一電波工業の5バンドV型ダイポールHV5を設置します（**写真2-2-13**）．対応バンドは7/14/21/28/50MHzですが，3アマへ向けて14MHz帯のコイルの代わりにオプションの18MHz帯用コイルを取り付けます．全長は4m，重量1.95kgとベランダに取り付けても無理がないサイズです．

● アンテナの設置

アンテナは，前述のコンクリートはさみ込み金具MB7とマスト・スタンド・ホルダのMS30に設置します．

① アンテナは，ローディング・コイルを取り付ける前まで組み立てる．給電部の防水加工は，組み立て前に行っておくと作業がやりやすい（**写真2-2-14**）．

② 途中まで組み上げたアンテナをマスト・スタンド・ホルダに取り付ける（**写真2-2-15**）．

③ アンテナにローディング・コイル（**写真2-2-16**）を取り付ける．ローディング・コイルのエレメント長は，事前に取扱説明書に書かれている指定の長さにしておくこと．ローディング・コイルを取り付ける位置に指定はないが，真ん中に7MHz用のコイルを取り付けるとバランスが良い．

以上で設置は完了です（**写真2-2-17**）．このアンテナはV型以外にもL型の設置も可能です（**写真2-2-18**）．ベランダに合わせてアンテナの形状を選んでください．

● アンテナの調整

アンテナの調整は，7MHzから始めて高いバンドへ移ります．

Chapter 02　自宅に設置するお手軽アンテナ

写真2-2-15　ローディング・コイル取り付け前のアンテナ

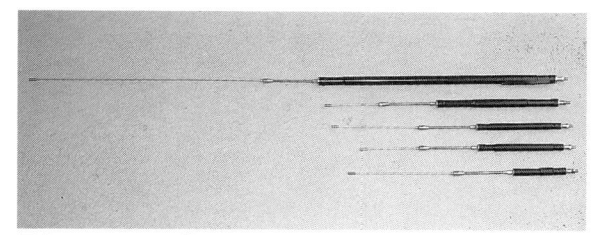

写真2-2-16　取り付けるローディング・コイル

写真2-2-17　設置を終了したアンテナ

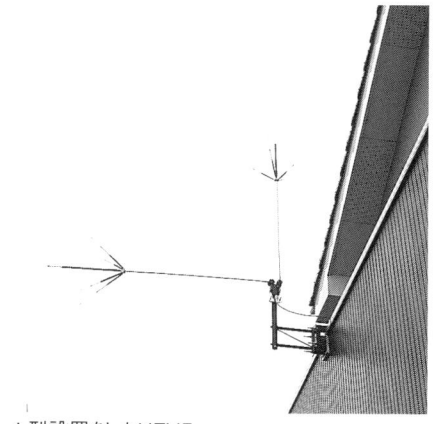

写真2-2-18　L型設置をしたHFV5

表2-2-2　HFV5のSWR実測値　〔単位：kHz〕

バンド〔MHz〕	SWR最低点（SWR値）	SWR 2.0以下の範囲
7	7100（1.3）	7084〜7118
18	18120（1.3）	18070〜18170
21	21230（1.1）	21140〜21307
28	28590（1.6）	28440〜28730
50	50300（1.6）	50000〜51300

　SWRを測定し，希望の周波数より低い周波数でSWRが下がっていたら，両コイルのエレメントを同じ長さだけ短く，高い周波数でSWRが下がっていたら長くします．

　エレメント長を変えてもSWRが下がりきらないときは，建物などの影響を受けているのかもしれません．給電部を最低でも30cm以上建物から離してください．もしくはエレメントの全長を変えない範囲で，左右でそれぞれコイル・エレメントの長さを変える（左右で異なるエレメント長にする）方法もあります．

　すべてのバンドで，SWRが2.0以下にできれば調整は終了です．調整後のSWR値を**表2-2-2**に示します．

● アンテナを使ってみて

　このアンテナは，7MHzでパイルアップを浴びられるほど実力があります．それ以外にも特長的なバンドで使えるのが魅力です．

　アンテナの設置・調整の際はアンテナ本体はもとより工具の落下事故も起こさないよう，細心の注意を払って作業を行ってください．また強風でアンテナが落下しないよう，普段から確認を怠らない必要があります．

（CQ ham radio編集部）

2-3 オート・アンテナ・チューナを活用したロング・ワイヤ・アンテナ

　小さな箱に適当な長さのワイヤ・エレメントとカウンターポイズ（アース線）を数本つなげば，さまざまなバンドでの運用を可能にしてくれる，そんな魔法の小箱がオート・アンテナ・チューナ（以下，ATU）です．ATUを使ってマルチバンド運用が楽しめる，アンテナ・システムを設置します．

ATU＋釣り竿を利用したロング・ワイヤ・アンテナを設置する

　ATUには，無線機内蔵や無線機の横に置くタイプの屋内型ATUと，アンテナ直下に置いて，直接ワイヤ・エレメントを接続してアンテナの一部として動作させる屋外型ATUがあります．

　ここでは，屋外型ATUと釣り竿アンテナを組み合わせた，アンテナ・システムを設置します．アンテナ・システムの概要を**図2-3-1**に示します．

● 準備するもの

ATU…今回使用するATUはアイコムのAH-4（**写真2-3-1**）に，同社製のコンパクトHF機IC-7100に接続して使います．アイコム以外の無線機でも簡単なコントローラを自作すれば使用できます．

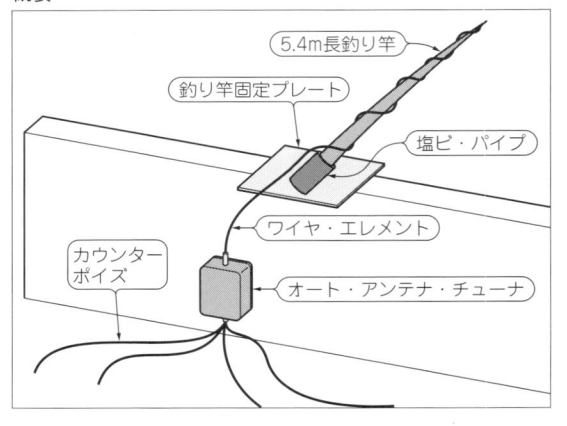

釣り竿…使用する釣り竿はWORLD WIDEが取り扱っている「W-GR-540H Mini（5.4m長）」です（**写真2-3-2**）．釣り竿の固定には，塩ビ・パイプ VU30（30cm程度）を使用します．釣り竿はVU30にピッタリ入りますが，ピッタリすぎて竿と塩ビ・パイプの個体差によっては，入らないこともあります．塩ビ・パイプ購入時には，釣り竿を持参して実際に入るかどうかを試してみることをお勧めします．

釣り竿固定プレート…釣り竿を固定するプレート

図2-3-1　ATU＋釣り竿を利用したロング・ワイヤ・アンテナの概要

写真2-3-1　アイコム製ATU AH-4

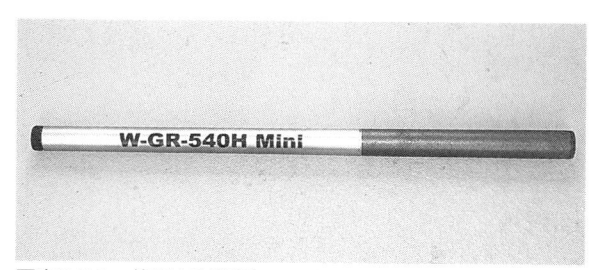

Chapter 02　自宅に設置するお手軽アンテナ

写真2-3-2　使用する釣り竿　W-GR-540H Mini

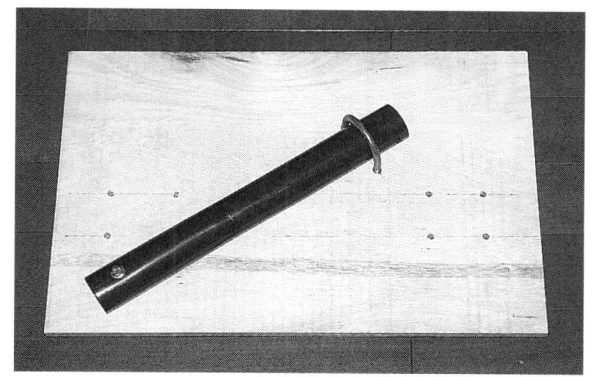

写真2-3-3　釣り竿固定用のプレート
釣り竿は塩ビ・パイプに差し込む

表2-3-1　各バンドでの1/2波長の長さ

バンド	下端周波数 波長	中心周波数 波長	上端周波数 波長	1/2波長の長さ
3.5MHz	3.500 / 85.7	3.650 / 82.1	3.805 / 78.9	42.85〜39.45
7MHz	7.000 / 42.8	7.100 / 42.25	7.200 / 41.6	21.4〜20.8
10MHz	10.100 / 29.7	10.125 / 29.6	10.150 / 29.5	14.8〜14.7
14MHz	14.000 / 21.4	14.175 / 21.1	14.350 / 20.9	10.7〜10.4
18MHz	18.068 / 16.6	18.118 / 16.5	18.168 / 16.5	8.3〜8.2
21MHz	21.000 / 14.2	21.225 / 14.1	21.450 / 13.9	7.1〜6.9
24MHz	24.890 / 12.0	24.940 / 12.0	24.990 / 12.0	6.0〜6.0
28MHz	28.000 / 10.7	28.850 / 10.3	29.700 / 10.1	5.5〜5.0
50MHz	50.000 / 6.0	50.500 / 5.9	51.000 / 5.8	3.0〜2.9

〔単位：周波数…MHz，波長…m〕

も必要になるので，各自の環境に合わせて製作します．このベランダでは**写真2-3-3**のようなプレートを作り，斜め上に伸ばすようにしました．参考にしてみてください．5.4m長の釣り竿を伸ばすとかなり大きく見えます．回りの方に不安を与える恐れがあるので，運用しないときは釣り竿を片づけたり，釣り竿を半分の長さにしたりするなどの工夫が必要でしょう．

ワイヤ・エレメントとカウンターポイズ…ワイヤ・エレメントとカウンターポイズは，ビニル線を利用します．ホームセンターで販売している，並行ビニル線の利用が安価です．

ワイヤ・エレメントの長さで，1点だけ注意したいことがあります．エレメント長が，各バンドの半波長もしくはエレメント長を整数倍にした長さが半波長に近いバンドでは，チューニングがとれません．この長さにならないように注意します．運良くチューニングが取れることもありますが，ATUに大きな負担がかかっているのでお勧めできません．エレメント長を決める際は，**表2-3-1**が参考にになります．今回は，エレメントを6.5m長としました．釣り竿を半分で使う場合は，3.8m長が目安になります．

グラウンドは，ワイヤによるカウンターポイズで確保します．できれば多いほうがいいのですが，今回は5m長を4本用意しました．

● フィルタの装着

このアンテナ・システムでは，電波障害対策のコモンモード・フィルタの装着が必須です．コモンモードによる電波障害が，思わぬところに発生

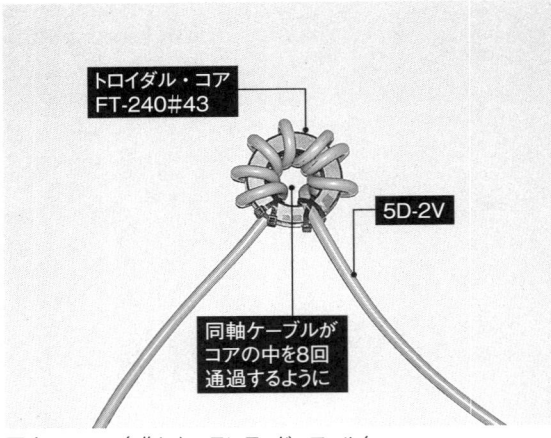

写真2-3-4 自作したコモンモード・フィルタ
無線機の直後とATUの直前に入れたい

（図中ラベル）トロイダル・コア FT-240#43／5D-2V／同軸ケーブルがコアの中を8回通過するように

写真2-3-5 同軸ケーブルにはトロイダル・コアのフィルタを，コントロール・ケーブルには分割コアを取り付ける

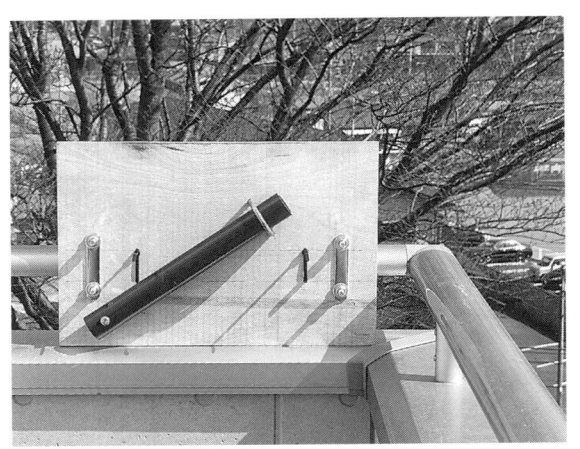

写真2-3-6 釣り竿固定用プレートの取り付け

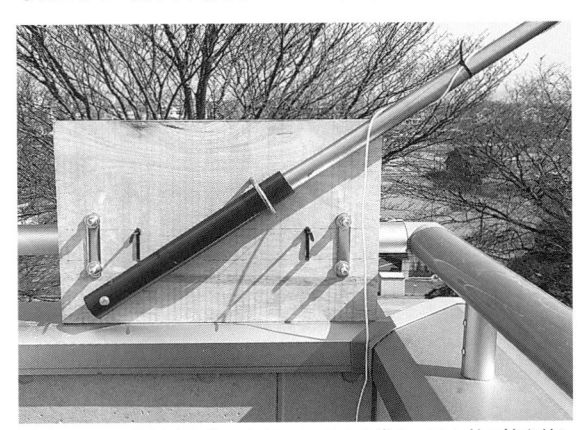

写真2-3-7 固定用プレートにエレメントを巻きつけた釣り竿を差し込む
エレメントは結束バンドで固定しながら巻きつけていく．先端はビニル・テープで留める

する恐れがあるからです．

　フィルタは，トロイダル・コアのFT-240＃43[※1]に，同軸ケーブルを8回巻いて作ります（**写真2-3-4**）．ATUの直前と無線機の近くに装着してください．コントロール・ケーブルにも，分割コアを取り付けて対策をします（**写真2-3-5**）．

● アンテナの設置方法

　アンテナは次のように設置します．

① 用意した釣り竿取り付けプレートを，ベランダの手すりに取り付ける（**写真2-3-6**）．結束バンドでも留められるが，できればUボルトなどでしっかり固定したい．

② 釣り竿にワイヤ・エレメントを軽く巻きつけ，プレートに取り付ける（**写真2-3-7**）．

③ ATUをセットし，エレメントとカウンターポイズをATUに取り付ける．カウンターポイズはなるべく広がるように配置する（**写真2-3-8**）．

　以上で，アンテナの設置は終了です（**写真2-3-9**）．同軸ケーブルとコントロール・ケーブルを無

※1 トロイダル・コアFT-240#43は斉藤電気商会（秋葉原ラジオデパート3階 TEL：03-3251-5803）で購入できます．フェライト・バーの取り扱いもあります．

Chapter 02 自宅に設置するお手軽アンテナ

写真2-3-8 カウンターポイズをベランダ内に配置する なるべく広げるようにしたい

写真2-3-9 設置した釣り竿アンテナ

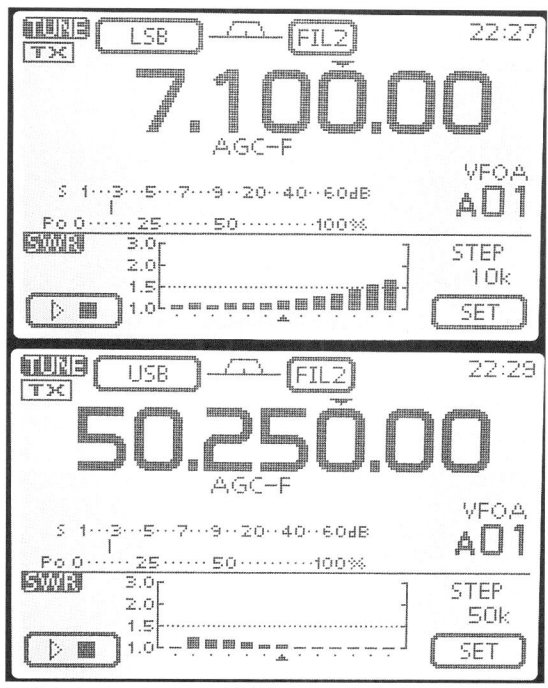

写真2-3-10 チューニング結果
7MHz(上)は10kHzステップで, 50MHz(下)は50kHzステップで表示

線機に接続してください.

● チューニングする

チューニング方法は簡単です. 無線機の「TUNE」ボタンを長押しするだけです. 送信が開始され, 一瞬SWRメータが大きく振れますが, すぐに収まって送信が停止します. これでチューニングが完了です.

● アンテナを使ってみて

エレメント長が6.5mのとき, 7～50MHzでは問題なくチューニングできました(**写真2-3-10**)が, 3.5MHzではチューニングできませんでした.

釣り竿を半分の2.7mとし, エレメント長を3.8mとしたときは, 3.5～50MHzの各バンドでチューニングが取れています(**写真2-3-11**). エレメントの長短やカウンターポイズの組み合わせなどを含む, 設置環境の違いによって, チューニングできる周波数は変わります.

アマチュア無線用アンテナ お手軽設置ノウハウ | 51

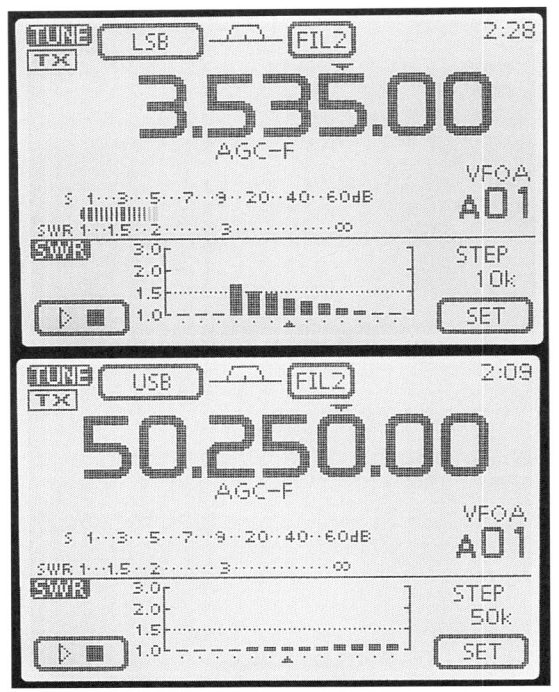

写真2-3-11　エレメント長3.8mでのチューニング結果
3.5MHz(上)は10kHzステップで，50MHz(下)は50kHzステップで表示

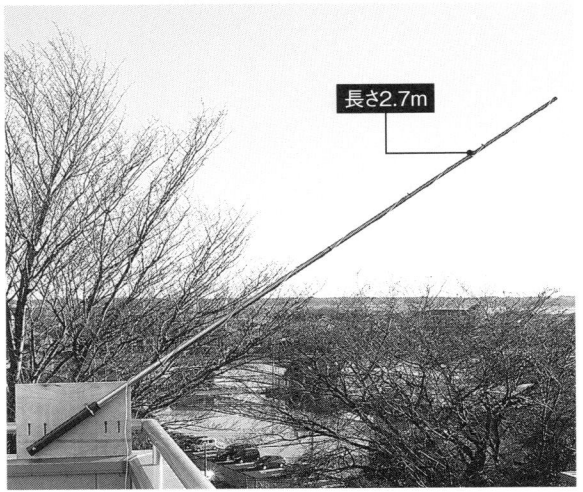

写真2-3-12　釣り竿を2.7m長にして設置
短い竿だと安心感がある

　ベランダ・アンテナとしては，2.7m長の竿のほうが安心感があります(**写真2-3-12**)．
　エレメントに釣り竿を利用しましたが，アルミ・パイプを利用するとさらに軽量になります．
　釣り竿を垂直に設置すれば，打ち上げ角が低くなりDX交信に向いています．釣り竿を水平に設置すれば，真上に電波が出るので，7MHzなどでの国内交信に向いています．交信したい地域と設置環境を考慮して，ベストなアンテナの設置方法を探してみてください．
　送信時は，ATUの端子およびエレメントに人体が触れないよう，くれぐれもご注意ください．

AH-4汎用コントローラの製作

　アイコム製のATU AH-4を，他社製のトランシーバで使うための汎用コントローラが『アパマン・ハム ハンドブック(JJ1VKL 原岡 充 著，CQ出版社)』で紹介されています．これにひと工夫を加えて，使いやすくしてみました．

● KEYスイッチの追加

　他社製の無線機に接続したAH-4でチューンを取るためには，手動で10W以下に減力して，CWなどでキャリアを送信する必要があります．このキーダウンをするための「KEY」スイッチをコントローラに追加しました(**写真2-3-13**)．「KEY」スイッチは「START」スイッチと並べて配置したので，片手で楽にチューニング動作ができます．

● 製作する

　この汎用コントローラの回路図を**図2-3-2**，内部を**写真2-3-14**に示します．いたって簡単なので，各部品に直接配線ができます．必要な部品を**表2-3-2**に示します．
　アイコム製の無線機ともつなぐことがあるなら，途中に4極カプラ(ホームセンターのカー用品コーナーにある)を入れて，汎用コントローラと切

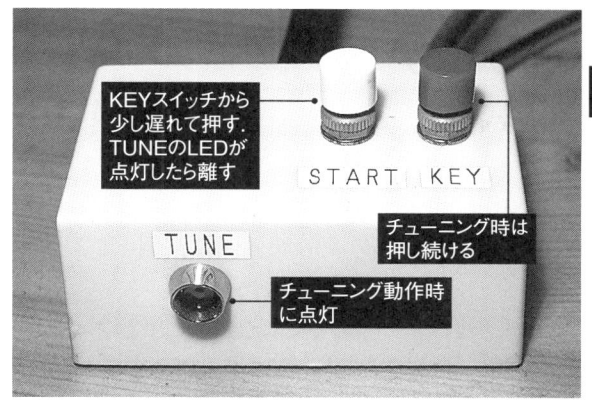

Chapter 02　自宅に設置するお手軽アンテナ

写真2-3-13　自作したAH-4汎用コントローラ

図2-3-2　汎用コントローラの回路図

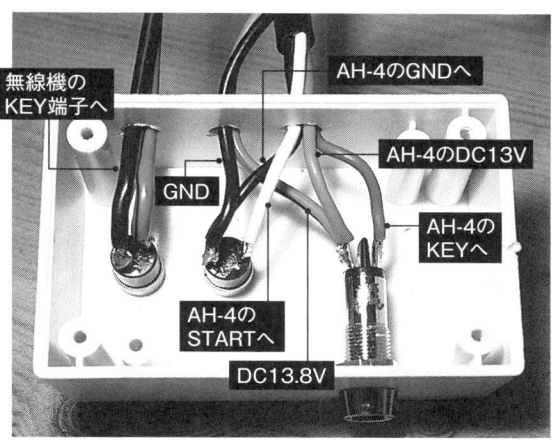

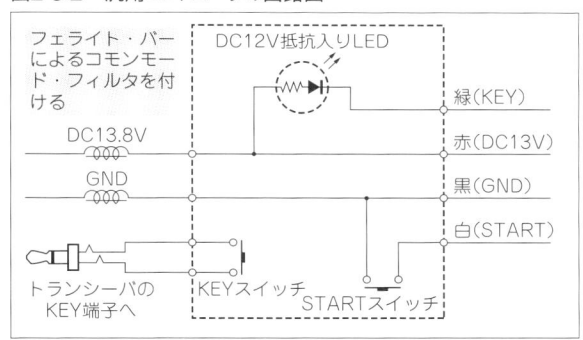

写真2-3-14　汎用コントローラの内部

表2-3-2　AH-4汎用コントローラの部品表

品名	個数
LED（抵抗入り 12V）	1
スイッチ（モーメンタリ）	2
モノラル・プラグ	1
ケース	1
フェライト・バー	1
4芯ケーブル	必要長
電源ケーブル	必要長

り離し純正ケーブルともつなげるように加工しておけば便利です．

● **使用方法**

使い方は次のとおりです．

① チューンを取りたい周波数に合わせる．
② 無線機をCWモードで送信できる状態にする．
③ 出力を10W以下に下げる．
④ KEYスイッチを押した一瞬後にSTARTスイッチを押して，LEDが点灯したらSTARTスイッチを離す．KEYスイッチは押し続けたまま．
⑤ 数秒後にLEDが消灯したら，KEYスイッチを離す（消灯までの時間は長くても数秒）．これでチューニングは完了．
⑥ 出力とモードを戻す．

以上です．手順が多いように感じますが，何回かチューニング動作を行うと自然に体が覚えてくれます．10秒以上経ってもLEDが消灯しないときは，チューニングが取れない周波数です．エレメント長を変えるなどして，再び試してください．

● **アパマン・ハムのアンテナに**

簡単に自作できる汎用コントローラで，AH-4が各社のトランシーバで使えます．コンパクトで静粛性も高いAH-4は，ベランダへの設置に適しています．

思いのほか短いエレメントとカウンターポイズでチューニングが取れるので，アパマン・ハムの有用な選択肢の一つとなるでしょう．

（CQ ham radio編集部）

アマチュア無線用アンテナ　お手軽設置ノウハウ | 53

2-4 ベランダにHF用モービル・ホイップを設置

コンパクトなHF用アンテナである，モービル・ホイップをベランダに設置します(**写真2-4-1**)．

モービル・ホイップは接地型アンテナなので，グラウンドを用意するのが手間ですが，軽量コンパクトなので設置時に安心感があります．状況によっては，ダイポールにも引けを取らないほど電波が飛び，海外交信も十分にこなせます．HF用ベランダ・アンテナ・デビューに最適な1本です．

モービル・ホイップでHFにQRV

HF用のモービル・ホイップには，1本で数バンドの運用ができるマルチバンド・アンテナやコイル可変式のスクリュー・ドライバ・アンテナなど，さまざまなタイプがありますが，ここではオーソドックスなモノバンド・アンテナを設置します．調整も簡単なので，初めて設置する人でも安心して使えます．

● 用意するもの

アンテナ設置に必要なものをそろえます．
HF用モービル・ホイップ…ここでは全長約2mのセンター・ローディング・モービル・アンテナ，第一電波工業 HF40CLとHF16CLを使用．
アンテナ取付基台…第一電波工業 モービル・アンテナ用ベランダ取付金具 BK10(**写真2-4-2**)．
車載用同軸ケーブル…MLJ型-MP型コネクタが取り付けられている同軸ケーブル(**写真2-4-3**)．
金網…グラウンドに使う910mm幅の金網を2.2

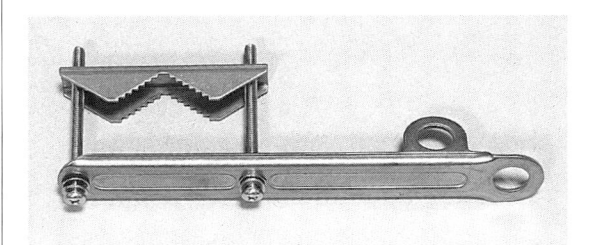

写真2-4-2　ベランダ取付金具 BK10

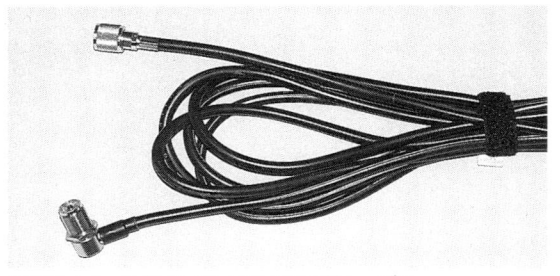

写真2-4-3　片側がL型コネクタの同軸ケーブル

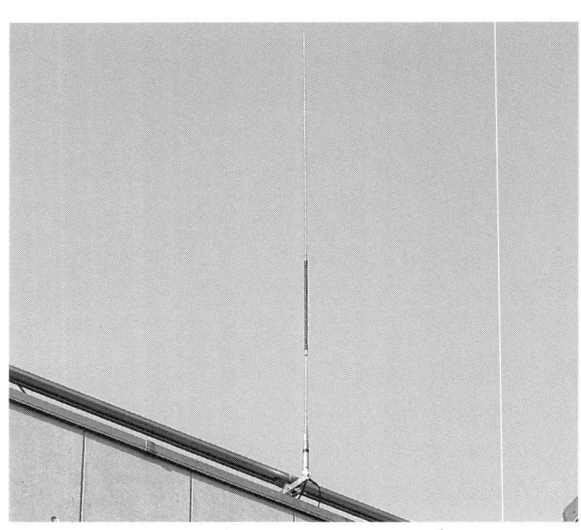

写真2-4-1　ベランダに設置したモービル・ホイップ

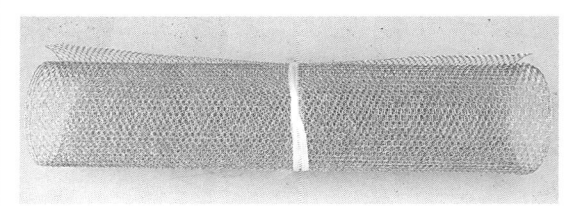

写真2-4-4　グラウンドとして利用する金網
両端は切りっぱなしなので，引っかけてけがをしないように注意

Chapter 02　自宅に設置するお手軽アンテナ

写真2-4-5　粘着テープ式留め金具
ピタック P-25BV

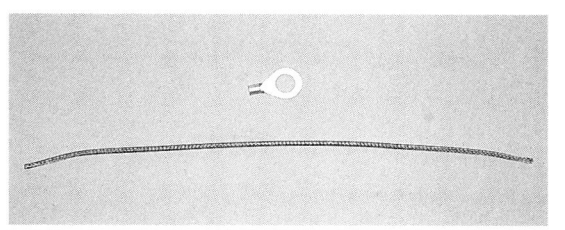

写真2-4-6　用意する圧着端子と編組線

写真2-4-7　圧着端子R14-16

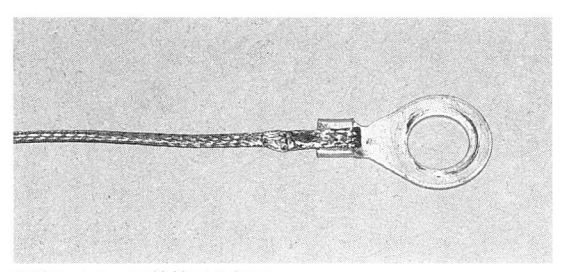

写真2-4-8　圧着端子の加工
ハンマーでつぶした後に，編組線が抜けることがないように，はんだ付けを行う

m（**写真2-4-4**）．ホームセンターで購入．

粘着テープ式留め金具…ホームセンターの電材コーナーに置いている（**写真2-4-5**）．シールつき壁掛けフックでも可．

接続ケーブル…車載用同軸ケーブルのMLJ型コネクタと金網を接続するケーブルを自作する．

● 接続ケーブルを作る

　MLJ型コネクタと金網を接続するケーブルを製作します．用意するものはM型コネクタに装着できる圧着端子と必要な長さの編組線です（**写真2-4-6**）．

　使用する圧着端子R14-16（**写真2-4-7**）は，インターネット通販で購入できます．「圧着端子R14-16」をキーワードにして検索すると，販売先がいくつか表示されます．このサイズと同じでなくても「R○-16」のように，後ろの数字が「16」であればネジ留め部分の内径が17mmなので，外径が16mmのM型コネクタに装着できます．

　編組線は，同軸ケーブル（5D-2V）から取り出して利用します．事前にアンテナ取付金具の設置場所と，金網の設置場所を決めておき，できるだけ短い距離でつなぐように長さを測って切り出しておきます．

　それでは，作業に入ります．まず，編組線を圧着端子に通して，3cmほど余分に出しておきます．このサイズの圧着端子をかしめる工具を用意できなかったので，ハンマーで叩いてつぶしました．確実に固定するために，編組線を折り返して，編組線同士をはんだ付けしています（**写真2-4-8**）．

　はんだ付けが終わったケーブルは，2種類の熱収縮チューブとビニル・テープを併用して防水加

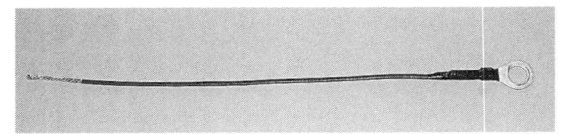

写真2-4-9　防水加工が終わった接続ケーブル
圧着端子部と編組線を2種類の熱収縮チューブで固めたあと、ビニル・テープで間を埋める

写真2-4-10　ベランダ取付金具を手すりに設置

写真2-4-11　金網を壁面に取り付ける
粘着テープ式留め金具を利用する

写真2-4-12　同軸ケーブルと接続ケーブルをアンテナ取付金具にセット

工を施します（**写真2-4-9**）．金網とはんだ付けをするために，先端の5cmほどをむき出しのままにしておきます．

　この接続線と同様の線をハムショップで見かけることもあるので，それを利用すれば手間がかかりません．ほかにも，圧着端子をワニ口クリップに置き換えるなど，入手しやすい部品を利用して製作してみてもいいでしょう．

● アンテナの設置

　それでは，アンテナを設置します．
① アンテナ取付金具を手すりに取り付ける（**写真2-4-10**）．
② 金網を壁面にセットする．粘着テープ式留め金具を使って固定するとよい（**写真2-4-11**）．
③ 車載用同軸ケーブルと接続ケーブルを金具に取り付ける（**写真2-4-12**）．
④ 金網に接続ケーブルをはんだ付けする．できるだけ密着するように，編組線を金網に巻きつけるようにしてから，はんだ付けを行うとよい（**写真2-4-13**）．
⑤ アンテナをMLJ型コネクタに取り付ける．金具はしっかりとベランダに留まっているので，不安は少ない．

　以上で，アンテナは設置終了（**写真2-4-14**）．
　最後に，アンテナの調整を行います．ローディング・コイル上部にある2本のネジを緩め，希望の

Chapter 02　自宅に設置するお手軽アンテナ

写真2-4-13　金網に編組線をはんだ付けする．下は拡大写真

写真2-4-14　設置が完了したアンテナ

周波数でSWRが最低となるようにエレメントを上下させます．調整の結果，7MHzはSWR1.2，18MHz用はSWR1.3まで下がってくれました．7MHzでのSWR2.0以下の帯域幅は約30kHz，18MHzはバンド全域でした．

● アンテナを使ってみて

設置したアンテナを使って，快適に交信できています．シングルバンド・アンテナなので，バンドを変えるたびにアンテナも取り替える必要はありますが，マルチバンド・モービル・ホイップよりも，アンテナの効率は良いと感じています．

大きく短縮しているアンテナのため，運用できる周波数帯幅はどうしても狭いのですが，アンテナ・チューナの利用で対応できます．

3.5MHzのアンテナも設置してみたのですが，グラウンドの容量が足りないようで，残念ながらSWRが下がりませんでした．

金網に末端は未処理なので，洗濯物が引っかかって破れたり，体にひっかき傷を負ったりする恐れがあります．必要に応じて，保護用のテープを巻いたり，プロテクタを付けたりするなどの対策をしてください．

本稿は，モービル・ホイップを利用したアンテナ設置の一例です．ベランダの形状は千差万別なので，良くも悪くも同様の結果が得られるとはかぎりません．設置環境に応じて，臨機応変にアレンジを加えてみてください．

（CQ ham radio編集部）

2-5 多巻きスモール・ループ・アンテナの活用

小さなスペースで長いエレメントを確保できる，多巻きスモール・ループ・アンテナを設置した例です．

多巻きスモール・ループ・アンテナのマンション・ベランダへの設置

ランダム・ワイヤ・アンテナ用のオート・アンテナ・チューナ（以下，ATU）で同調を取るタイプの多巻きスモール・ループ・アンテナを，マンション3階のベランダに設置しています（**写真2-5-1**）．

● 多巻きスモール・ループ・アンテナの概要

多巻きスモール・ループ・アンテナは自作も可能ですが，筆者は「Field_ant(**http://www.purple.dti.ne.jp/fieldant/**)」が製作・販売している「MK-4A」（**写真2-5-2**）を，東京・秋葉原のアマチュア無線機器販売店「ロケット(**http://www.rocket-co.jp/ham/loop-ant.html**)」から購入しました．

このアンテナの直径は850mm，高さは約330mm．アンテナ自体の重さは約2.1kgですが，筆者が使用している八重洲無線のATU「FC-40」を取り付けた場合は，ATUの重さ（約1.2kg）と合わせて，アンテナ・システムとしての重さは約3.3kgになります（**写真2-5-3**）．

● アンテナの取り付け

アンテナをベランダ手すり（フェンス）に取り付けるための金具は，ホームセンターなどで容易に入手できる部材を組み合わせて使っています．

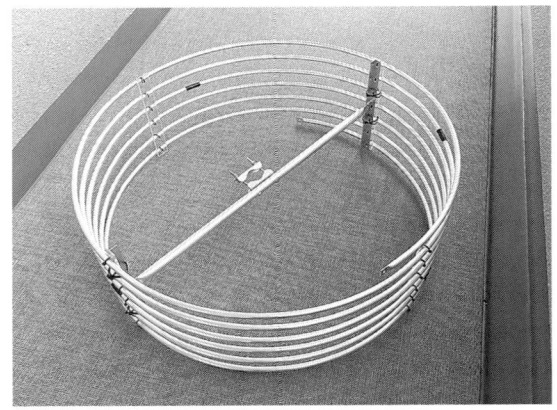

写真2-5-2 多巻きスモール・ループ・アンテナ「MK-4A」

写真2-5-1 アンテナの設置状況

写真2-5-3 ATU FC-40を取り付けた状態

58　アマチュア無線用アンテナ お手軽設置ノウハウ

Chapter 02　自宅に設置するお手軽アンテナ

　筆者のマンションは，ベランダ手すりがコンクリートなので，コンクリート手すり用の衛星アンテナ取付金具に支柱取付金具を利用して，マスト延長用のステンレス・パイプを接続しています．支柱取付金具は1個しか使っていませんが，強度に不安を感じる場合は，2個使うとよいでしょう（**写真2-5-4**）．

● アンテナを使用して

　筆者の環境では，この設置状態で7～28MHz帯の各アマチュアバンドでATUのチューンが取れています．残念ながら3.5MHzおよび50MHzではチューンが取れませんでしたが，これは設置する環境に起因するものだと思われます．

　また，特にローバンドでの運用を考えている方は，ループの直径が大きい「MK-4B（直径1150mm）」もあるので，こちらを選択するほうが良いかもしれません．

　立体的なアンテナなので，ベランダへの設置後はかなり目立つんじゃないかと思っていましたが，マンションの下から見上げると意外と目立ちません（**写真2-5-5**）．

　このアンテナは，比較的小スペースでマルチバンド運用が可能なうえ，特にコンクリート手すりのベランダでは取りにくいアースの問題がありませんので，集合住宅での短波帯用アンテナとしては，悪くない選択肢ではないかと思います．アンテナ設置にお悩みの方は，検討してみてはいかがでしょうか．

　なお，このアンテナのエレメントには，送信時に数千ボルトの高電圧がかかるようです．このアンテナを使用した運用中には，ご家族の方が絶対にアンテナに触れないように配慮する必要があります．くれぐれもご注意ください．

　　　　　（7J3AOZ　白原 浩志　しらはら・ひろし）

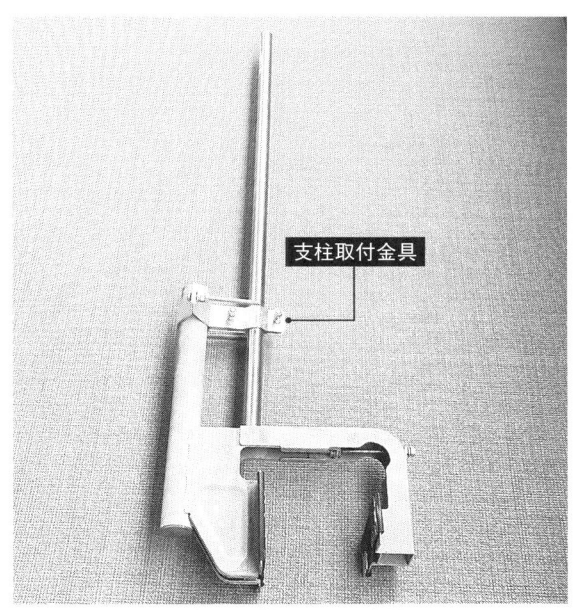

写真2-5-4　ベランダに取り付けるための金具
日本アンテナ製の取付金具「PVT-42KZ」に支柱取付金具「A1-HD」を介し，延長マストとしてステンレス・パイプを接続

写真2-5-5　マンションの階下から見上げたアンテナ

アマチュア無線用アンテナ お手軽設置ノウハウ | 59

2-6 隙間ケーブルの設置

　無線機とアンテナをつなぐ同軸ケーブルを窓枠から通すための中継ケーブル，いわゆる隙間ケーブルの使い方を説明します．

　さまざまな住宅環境でも，ハムライフが楽しめる便利グッズです．

隙間ケーブルMGC50で信号を室内に

● **転勤族は一苦労**

　転勤族にとって住居からアマチュア無線を楽しむ環境を確保するのは一苦労です．賃貸マンションや社宅としてお借りしている建物に穴をあけたり傷を付けたりできないので，同軸ケーブルの引き込みは運用のたびに窓を少し開け，隙間から引き込んでいました．しかし，運用のたびに手間がかかるほか，すきま風などに悩まされてしまいます．通風口のキャップを外して引き込んだこともありましたが，風による不思議な共鳴音がしたりして，アクティビティーは急降下．

　そこで，出会ったのが第一電波工業の「窓・ドア隙間すり抜けケーブルセット MGC50（以下，隙間ケーブル）」でした．この製品のおかげで，アクティビティーは一気に回復しました．

表2-6-1　MGC50の仕様

周波数範囲	DC～1500MHz
耐入力	HF～50MHz帯 150W（SSB），50W（FM/CW）
	144MHz帯 40W（FM）
	430MHz帯 30W（FM）
	1200MHz帯 10W（FM）
ケーブル長	約50cm（コネクタ間にて）
インピーダンス	50Ω
接栓	MJ-MJ

● **MGC50の概要**

　この製品のコンセプトは，同軸ケーブルを薄い板状にして，窓と窓枠の間のわずかな隙間を通してしまおうというものです（**表2-6-1**）．セットには，次のものが含まれます（**写真2-6-1**）．

① コネクタ付き隙間すり抜けケーブル
② 両面テープ
③ 取り付け用ネジと固定台座
④ 固定バンド
⑤ 取扱説明書

　これを使えば，建物に穴をあけることなく，アンテナ線を室内に引き込めるため，賃貸・持ち家，マンション・一軒家を問わず，あらゆる住環境で快適にHF～V/UHFでの運用を楽しめます．

● **MGC50の設置**

　MGC50の設置は至って簡単です．その工程を説明します．

① **取り付け窓の選択**

　取り付ける窓やドアを決める際，重要なのは「断線を防止するためにも開け閉めの少ない側に設置

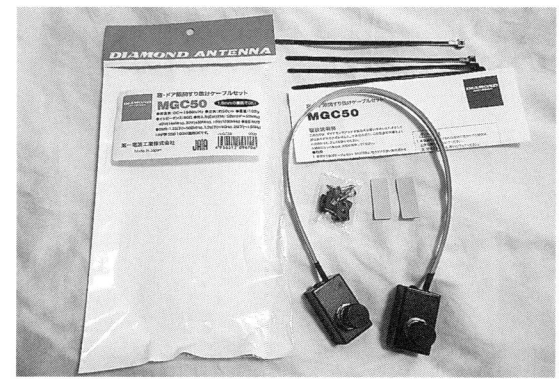

写真2-6-1　MGC50のセット内容

Chapter 02　自宅に設置するお手軽アンテナ

写真2-6-2　断線に注意を払いゆっくり作業を進める

写真2-6-3　外側の窓を閉めたまま内側の窓をゆっくり閉めていく

写真2-6-4　すべての窓を閉めて折れ位置を決める

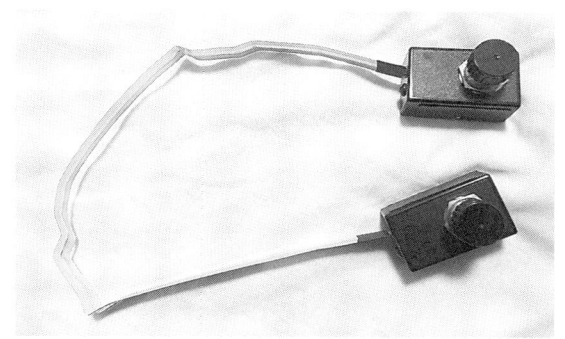

写真2-6-5　収まり跡が付いた断線確認中のMGC50

する」ということです．これをしないと，開け閉めのたびに折れ跡がずれて断線しないように気にしなければならず，精神的に良くありません．

　不要な断線を防止する以外にも，壁に固定したコネクタの両面テープが，ケーブルとの自重によってはがれることを防ぐという理由もあります．

② 隙間ケーブルの挟み込み

　取り付け側の窓を開け，隙間ケーブルが挟まれた際に引き込まれる（短縮される）長さをイメージします．

　室内側とベランダ側のコネクタ取り付け位置を見定めてMGC50をセットしたら，ゆっくりと網戸と外側の窓を閉めていき「収まり具合」を確認しながら位置を決めます（**写真2-6-2**）．外側の網戸や窓などを閉めたままで，内側の窓を前述と同様に作業します（**写真2-6-3**）．

　このとき，それぞれの収まり位置が決まるので，何度も開けたり閉めたりすると収まり位置がずれて断線の原因となります．ゆっくりと一度に収まり位置が決まるように，網戸と窓を一つずつていねいに閉めていきます（**写真2-6-4**）．

　「隙間ケーブル」が凹凸にうまく収まったら，窓にあるすべてのロックをかけて，隙間ケーブルに「収まり癖」をつけます．もう一度すべての窓を開けて，隙間ケーブルを取り出して断線・破損を必ず確認してください（**写真2-6-5**）．

③ コネクタの固定

　次にコネクタを固定します．再び隙間ケーブルをセットし，すべての窓を閉めた状態で行います．両面テープとネジの2種類が同梱されているので，壁にネジ留めできない場合は両面テープを選択することになります（**写真2-6-6**）．

● 両面テープでの固定

　開閉しない側にコネクタを固定する場合は，両面テープを利用すれば壁に穴をあけずに済むので簡単です．

　どうしても開閉が頻繁に行われる側に取り付ける場合は，窓を開けた際にコネクタの自重とケーブルの重量がコネクタの固定部分にかかっても，固定している両面テープがはがれてしまわないように，隙間ケーブル部分をテープ（または，両面テ

アマチュア無線用アンテナ　お手軽設置ノウハウ | 61

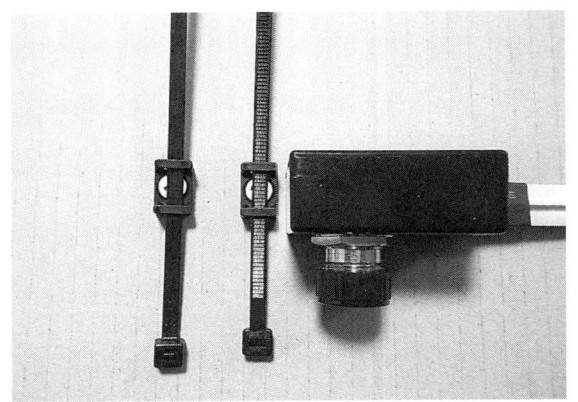

写真2-6-7 台座をネジ止めし，固定バンドを台座に通す

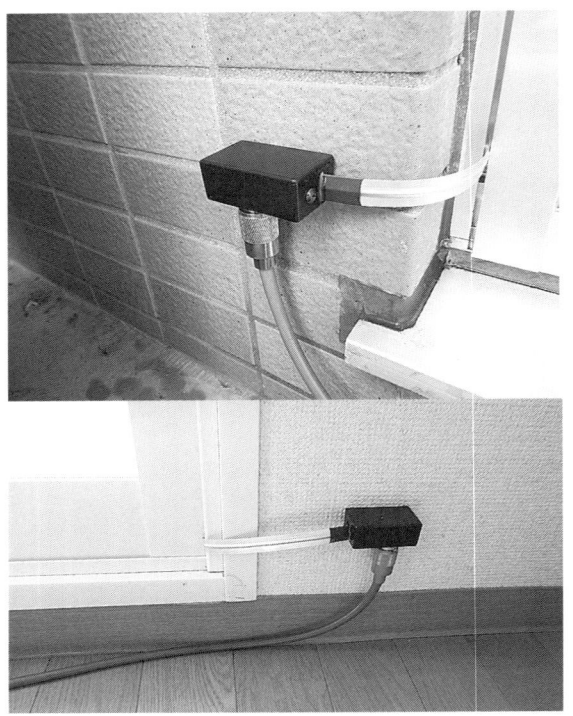

写真2-6-6 両面テープで固定した中継コネクタ
ベランダ側(上)と室内側(下)

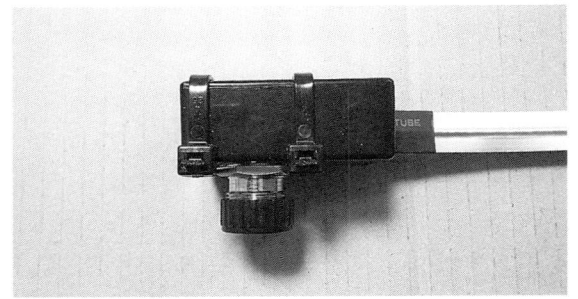

写真2-6-8 壁に固定された中継コネクタ部分

ープ)などでサッシに貼り付けて補強しておくとよいでしょう．

● ネジでの固定

　壁に穴をあけられるなら，付属の固定用台座を使ってネジ留めすることがお勧めです．

　コネクタを取り付ける位置を決め，25mm間隔で二つの台座をネジ止めします．それぞれの台座に結束バンドを取り付け(**写真2-6-7**)，しっかり締め込んでコネクタを固定し，余分を切断したら完成です(**写真2-6-8**)．

　これで，ケーブルの位置を安定させて窓を閉める際も，元の折れ位置に「隙間ケーブル」が収まるようになります．

● **動作確認**

　設置が終わったら，アンテナとアースをベランダに設置して，アンテナ・アナライザやSWR計などで動作状況を確認・調整して運用開始です(**写真2-6-9**)．これで，HF～1.2GHzまでを運用することができます．

　運用するたびにベランダから同軸ケーブルを引き込む手間も省け，運用中にすきま風などに悩まされることもありません．

● **運用して**

　現在マンションのベランダには，HF～50MHz用の基台(**写真2-6-10**)と144/430MHz用基台を準備し(**写真2-6-11**)，それぞれの同軸ケーブルをMGC50で室内に引き込んで運用しています(**写真2-6-12**)．

　V/UHF専用にMGC50をセットしたことで，転勤先のローカル各局とのラグチューQSOも手

Chapter 02 自宅に設置するお手軽アンテナ

写真2-6-9 アンテナ・アナライザで動作確認中

写真2-6-11 ベランダの配水管に取り付けたV/UHFのモービル・ホイップ「SG7700」

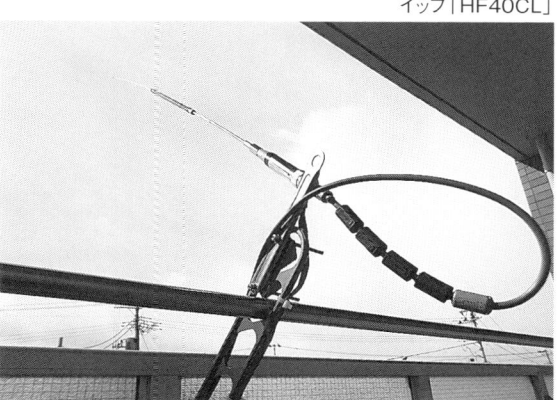

写真2-6-10 架設した7MHz用のモービル・ホイップ「HF40CL」

写真2-6-12 HFとV/UHFを別々のMGC50で引き込む

軽に楽しめるようになりました．

　HF～50MHzをELECRAFT KX3＋KPA100（出力50W）をメインに運用し，144MHz/430MHzはIC-7400（50W改）とIC-208で運用しています（**写真2-6-13**）．24時間いつでも手間なくQRVできるようになったことで，運用時間が格段に増えました．

　また，転勤先での運用は常に「/」（ポータブル）がついた移動運用となりますが，天候に左右されずに，部屋に居ながらにしてラクラク移動運用を楽しむことができます．

写真2-6-13　転勤先のシャック

　どんな住環境であれ，あきらめない気持ちと「窓・ドア隙間すり抜けケーブルセット MGC50」があれば，アマチュア無線のすばらしい世界は扉を開いてくれます．

（JI1SAI 千野 誠司 ちの・せいじ）

アマチュア無線用アンテナ お手軽設置ノウハウ | 63

Chapter 03

移動運用でのアンテナ設置

　一口に移動運用といっても，その形態はさまざまです．ここでは，移動運用のビギナーにむけて，誰でも真似できるように，簡単なアンテナ設置方法を中心にお伝えします．

3-1　タイヤベースを使ったアンテナの設置

　車を使った移動運用で，もっともポピュラーでお手軽なアンテナの設置方法が伸縮ポールとタイヤ・ベースの利用です．移動運用を楽しむハムの定番アイテムの一つとなっています．

　タイヤ・ベースの基本的な仕組みは，車重を重しとしてアンテナ・マストのベースを固定するもの．タイヤベースの種類はさまざまあり，初心者向けのものから，長さ10m以上のポールを立てられるものなど，バリエーションが多数あります．アンテナのサイズや受風面積，マストの太さ，アンテナの高さ，風の強さなどの条件にもよりますが，ステー・ロープを使わなくても可能なアンテナの設置方法を紹介します．

タイヤベースの設置方法

　タイヤベースを踏ませるタイヤの位置は4輪のどれでもいいのですが，無線機を設置する場所に最も近いタイヤで踏むのがベスト．同軸ケーブルを車内で引き回す距離が短くなります．タイヤベースを踏みやすいのは運転席側なので（正しく踏めているか確認しやすい），ここから無線機を設置する位置を決めてもいいでしょう．

● タイヤベースの設置手順

　タイヤベースは次の手順で設置します．

① タイヤベースが水平になる位置を探して車を停める．

② タイヤベースをタイヤの前に置く（**写真3-1-1**）．

③ 車を動かしてタイヤベースをタイヤで踏む（**写真3-1-2**）．このとき，マストが垂直に立つように，タイヤベースの中心とタイヤ・ホイールの中心をそろえるように．

写真3-1-1　タイヤの直前にタイヤベースをセットする

Chapter 03　移動運用でのアンテナ設置

写真3-1-2　タイヤで踏んだときにホイールの中心にポール差込パイプがくるように

写真3-1-4　伸縮ポールに付属しているモービル・アンテナ取付用金具

写真3-1-3　タイヤベースに伸縮ポールを差し込む

写真3-1-5　車載用同軸ケーブルを金具に取り付ける

④ 伸縮ポールなどのマストをマスト支持パイプ差し込み，マスト固定用の蝶ボルトを締めて仮止めする（**写真3-1-3**）．

以上でタイヤベースとマストが設置できました．次にアンテナを取り付けます．

アンテナの取り付け

今回はお手軽設置ということで，ステーを使わずに設置できる程度のアンテナをいくつか取り付けます．

● **伸縮ポールにモービル・アンテナを取り付ける**

モービル・アンテナ取り付け用金具が付属する伸縮ポール（**写真3-1-4**）があります．これを利用してGP（グラウンド・プレーン）の代わりにV/UHF用ノンラジアル・タイプのモービル・アンテナを，車載用同軸ケーブル（**写真3-1-5**）を利用して取り付けてみました．

長さ1.5mから2mを超える高利得モービル・アンテナのラインアップがあるので，実用的な移動用アンテナとして使えます（**写真3-1-6**）．

アマチュア無線用アンテナ　お手軽設置ノウハウ　65

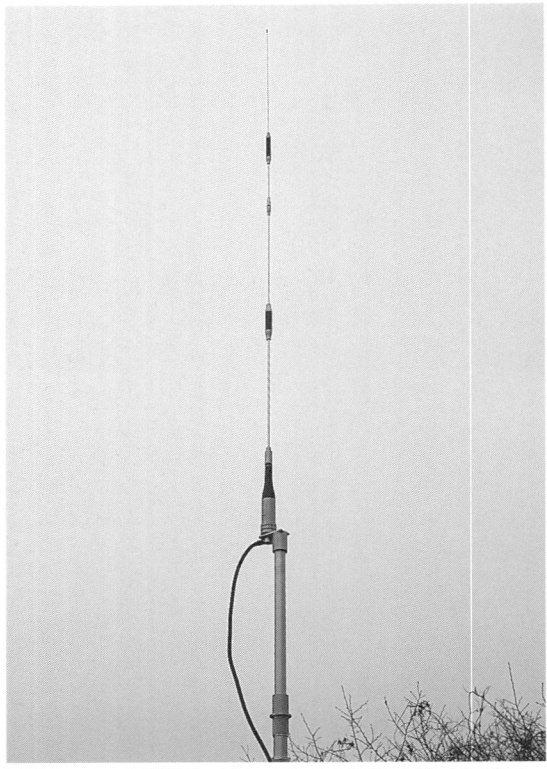

写真3-1-6 高利得モービル・アンテナをGPの代わりに使用

写真3-1-8 伸縮ポールを立てた状態でアンテナをセットできる

写真3-1-9 同軸ケーブルをマジック・テープで留める

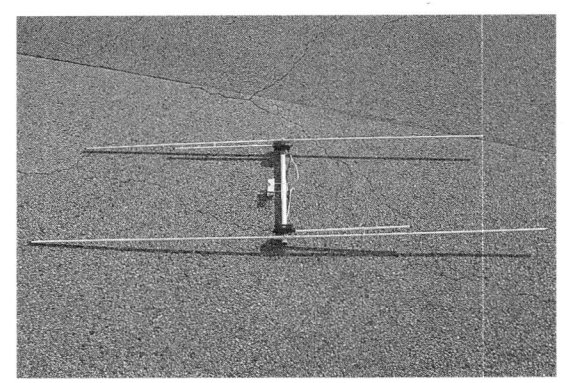

写真3-1-7 移動運用の定番アンテナ50MHz用2エレメントHB9CV

● 50MHz用2エレメントHB9CVアンテナ

50MHzでのお手軽移動の定番アンテナが，2エレメントHB9CVアンテナ(**写真3-1-7**)です．いくつかのメーカーから製品がリリースされています．それぞれ特長があるので，どれが自分に合うか選ぶ楽しみもあります．

アンテナは軽いので，マストを立てた状態で組み上げたアンテナを取り付けられます(**写真3-1-8**)．取扱説明書どおりに組み上げれば，アンテナの調整は基本的に不要．同軸ケーブルはたるまないように，マジック・テープなどで留めておきます(**写真3-1-9**)．地上高3m程度まで上げるだけで十分楽しめます(**写真3-1-10**)．

このアンテナの特長は，軽くコンパクトの割によく飛ぶこと．ビーム・アンテナですが，それほど指向性を気せず使えます．アンテナの構造はシンプルなので，設置と撤収に時間がかからないの

Chapter 03 移動運用でのアンテナ設置

写真3-1-10 地上高約3mにアンテナを設置

写真3-1-11 設置した長さ約3mの144/430MHz用GP

写真3-1-12 ラジアルが伸縮ポールの上に出るように取り付ける

写真3-1-13 微風程度なら長さ5mの高利得GPも設置可能

も大きなメリットです．移動運用やコンテストに最適です．

● 144/430MHz用GP

　都市部近郊の山などに移動運用に出かけたときは，144MHz SSBや430MHz FMがお勧めです．これらのバンドは，初心者からベテランまで幅広い層が運用しています．海外交信をバリバリこなしているような方や技術レベルの高い方と交信できることもあるので，ショートQSOだけでなくラグチューも楽しめます．

　そんな運用を行うなら，幅広い地域と交信できるGP（グラウンド・プレーン）がベストマッチで，長さ3m程度の144/430MHz用GPなら問題な

く設置できます（**写真3-1-11**，**写真3-1-12**）．無風状態なら長さ5m程度の高利得GPも立てられます（**写真3-1-13**）．短めのGPなら，先ほど紹介

アマチュア無線用アンテナ お手軽設置ノウハウ | 67

写真3-1-14　短めのGPと50MHz用HB9CVを1本のマストに設置して50/144/430MHzに対応

写真3-1-16　高利得が期待できる430MHz用15エレメント・スタック・アンテナ

写真3-1-15　同軸ケーブルの違い．左から減衰が少ない順に10D-FB，8D-FB，5D-FB

写真3-1-17　144MHz用10エレメント八木と430MHz用15エレメント八木を1本の伸縮ポールにセット

した50MHz用2エレメントHB9CVアンテナと一緒に立てても，十分安定して自立できます（**写真3-1-14**）．

430MHz以上のバンドのアンテナからは，同軸ケーブルの太さも気にかけたいところです．できれば8D-FBか，それよりも減衰が少ない同軸ケーブルが欲しいところです（**写真3-1-15**）．

● 144/430MHz用八木

電波の飛びを優先するなら，高利得の多エレメント八木アンテナを使用したいところです．ただし，指向性が強いので，幅広い地域と交信したいときにはアンテナをこまめに回転させる必要があります．お手軽度は下がりますが，性能重視で楽しみたいときには良い選択でしょう．

144MHzや430MHzの八木アンテナを設置するときは，スタック（**写真3-1-16**）にするか，もしくは写真のように二つのバンドのアンテナ（**写真3-1-17**）を並べて立てたいところです．片側だけにアンテナを設置すると，重量バランスが悪くなって，場合によってはマストが傾くかもしれません．マストが傾いていると危険な印象を周りの人に与えてしまうので，なるべく避けるように心がけましょう．

これらのアンテナは，性能は高いのですが風に弱いという不利な点もあります．風が出てきたら，ステーを張るかアンテナを降ろすのか，早めの判

68　アマチュア無線用アンテナ　お手軽設置ノウハウ

Chapter 03　移動運用でのアンテナ設置

写真3-1-18　マルチバンドHF用V型ダイポールはマストを倒すと作業が行いやすいうえに安全

写真3-1-20　アンテナを約4mの高さに設置してSWRを測定する

写真3-1-19　7MHzと21MHz用のローディング・コイルを取り付けたV型ダイポール

写真3-1-21　調整は伸縮ポールを縮めてから行う

断が必要です．

● マルチバンドV型ダイポール

　HF用のV型ダイポールを設置してみました．タイヤベースのボルトを1本抜き，マストを倒した状態でアンテナを取り付けます(**写真3-1-18**)．

　V型ダイポールはアンテナを持ったときのバランスが取りにくいので，組み上げてからマストを倒した状態で取り付けると，余分な力がいらず安全に作業が行えます．

　このアンテナにはローディング・コイルが5個付きますが，全部を取り付ける必要はなく，運用するバンドだけで構いません．**写真3-1-19**は，7MHzと21MHzのローディング・コイルだけを取り付けているアンテナです．

　マストを伸ばし，設置する高さまで上げます(**写真3-1-20**)．微風時なら4m程度の高さまで上げられます．この位置でSWRを測り，アンテナを調整します．調整は低いバンドから行ってください．調整する際は，ポールを縮めた状態(**写真3-1-21**)で行いますが，伸縮ポールによってはコイルに手が届かないため，事前に脚立を用意しておくと効率が上がります．

　高い周波数でSWRが下がっていればコイルに付いているエレメントを長く，低い周波数でSWRが下がっていればエレメントを短くします．調整の結果，7MHzでSWR 2以下の帯域は

アマチュア無線用アンテナ お手軽設置ノウハウ ｜ 69

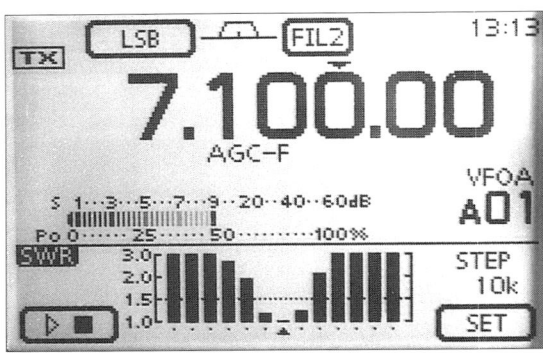

写真3-1-22　7MHzの調整結果

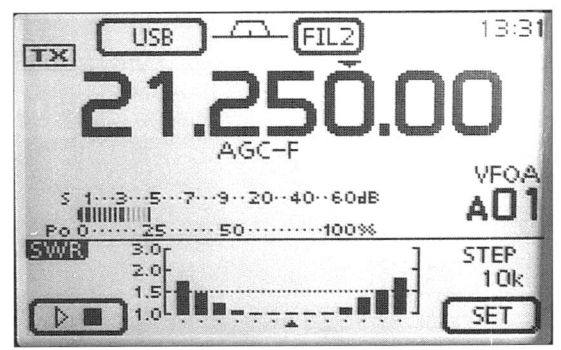

写真3-1-23　21MHzの調整結果

写真3-1-24　タイヤベースに重量物をウエイトにして伸縮ポールを立てる

30kHz（**写真3-1-22**），21MHzでSWR 2以下の帯域は140kHzほど（**写真3-1-23**）になりました．

常に状況を判断して

　簡単にアンテナを立てる方法として，タイヤベースはとても有効な方法です．ステーを利用することで10mを超える高さや，大型の八木アンテナも立てられますが，機材が大がかりになるので移動運用のエキスパート向けの設置方法です．十分に移動運用の経験を積んでから，チャレンジしてみてください．

　タイヤベースを使っても転倒のリスクがまったくないわけではありません．設営後よりも設営作業時にアンテナを倒してしまう事故があります．ボルトでポールを固定するタイプの伸縮ポールでは，伸ばしている最中にポールをうっかり上に抜いてしまい，アンテナがついたままのポールを倒してしまうケース．マストを倒せるタイプのタイヤベースでは，固定ボルトを留め忘れて，マストごとアンテナを倒してしまうケース．重すぎるアンテナを立ててしまったため，伸縮ポールが途中で曲がってしまい，アンテナを降ろせなくなってしまうケースなど．設置・撤収時に事故が起こりやすいのです．

　強風時や隣に一般車が駐車するような状況においては，タイヤベースを使うべきではないでしょう．安全に関しては状況を的確に判断して，ご自身の責任において安全な作業に心がける必要があります．

　タイヤベースは，車で利用する以外にも，バッテリなどの重量物を載せることで，簡易的なマストのベースとして利用する方法もあります（**写真3-1-24**）．車が入れない場所で，簡単なアンテナを設置する用途にも使えます．ほかにも使い方はあると思いますから，さまざまなシーンでタイヤベースをお使いください．

　　　　　　　　　　　　（CQ ham radio編集部）

Chapter 03　移動運用でのアンテナ設置

3-2　ワイヤ・アンテナの設置

河川敷や海岸などの広い場所が確保できるのであれば，HFの移動運用ではフルサイズのワイヤ・アンテナの設置をお勧めします．

逆Vダイポール・アンテナの製作と設置

簡単に製作できるHF用ダイポールの定番「逆V（インバーテッドV）ダイポール・アンテナ」を，製作して設置します．ここでは，アクティビティーの高い7MHz用のアンテナを作ります(**写真3-2-1**)．

● アンテナの製作

逆Vダイポール・アンテナは，ダイポールの給電点をトップにして，左右のアンテナ端を引き下ろす形のアンテナです．基本的な構造は，中心に給電点となる1：1バランを置き，約¼波長のエレメントを左右に取り付けたものです．構造は**図3-2-1**のようになります．

• バランの製作

バランは市販品(**写真3-2-2**)を使えば手間がか

写真3-2-1　7MHz用逆Vダイポール・アンテナ

写真3-2-2　HF用市販バランBU55

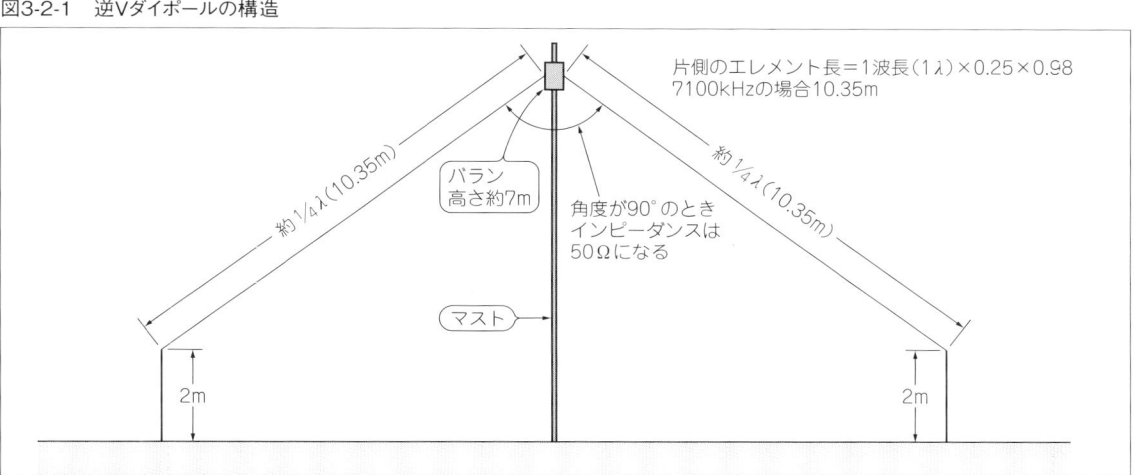

図3-2-1　逆Vダイポールの構造

片側のエレメント長＝1波長(1λ)×0.25×0.98
7100kHzの場合10.35m

約¼λ(10.35m)　約¼λ(10.35m)

バラン 高さ約7m

角度が90°のときインピーダンスは50Ωになる

マスト

2m　2m

アマチュア無線用アンテナ お手軽設置ノウハウ | 71

図3-2-2　バランの作り方

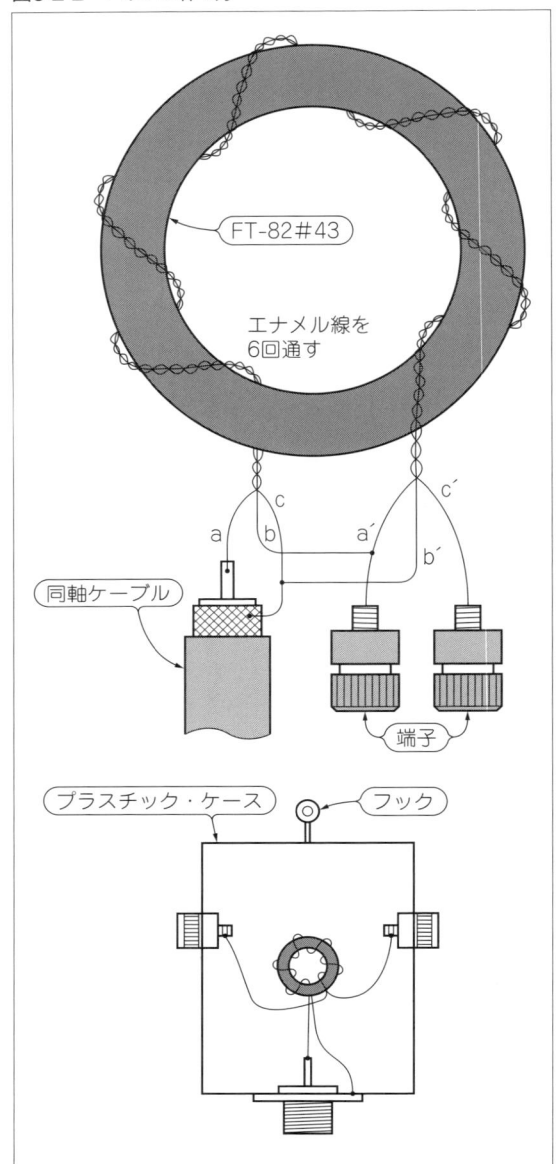

FT-82#43

エナメル線を
6回通す

同軸ケーブル

端子

プラスチック・ケース

フック

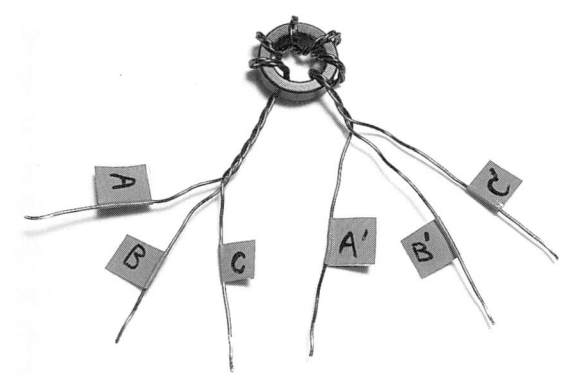

写真3-2-3　コアに巻き終わったポリエステル線に印を付ける

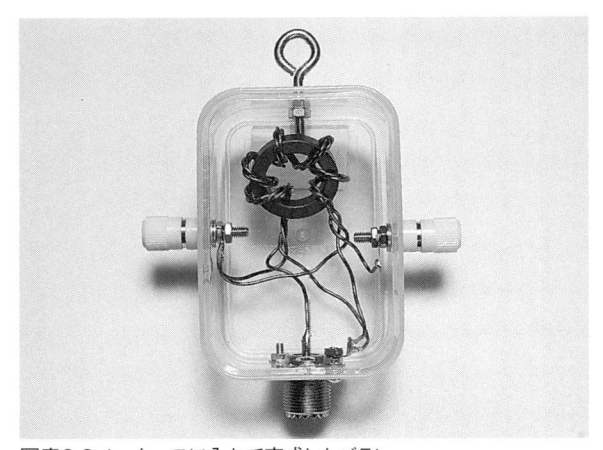

写真3-2-4　ケースに入れて完成したバラン

かりませんが，作るのも簡単です．せっかくなので，自作にチャレンジしてみませんか．バランの作り方を**図3-2-2**に示します．

FT-82 #43材のトロイダル・コアに，3本束にして，撚線のようにねじる加工（トライファイラ巻）を施したφ1mmのポリエステル線を6回巻きます（コアの穴を1回通過するたびに1回巻きと計算）．巻き終わったポリエステル線は，テスタで確認して**写真3-2-3**のように印を付けます．これを**図3-2-2**を参考にして，端子やコネクタを取り付けておいたケースへ配線します（**写真3-2-4**）．マストへは，取付金具を利用して結束バンドで固定します．

● エレメントの製作

エレメントには，ホームセンターで手に入るビニル線を使います．移動運用なら出力は最大でも50Wまでなので，0.5sq程度の細いビニル線で

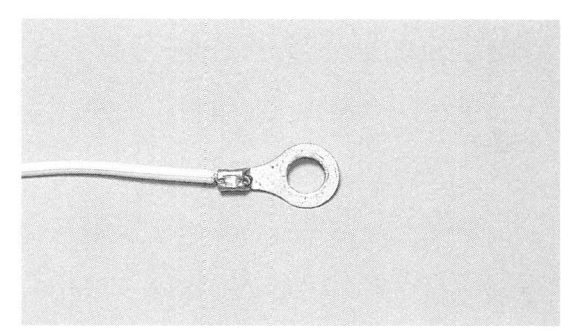

Chapter 03　移動運用でのアンテナ設置

写真3-2-5　バラン側のエレメントの処理

写真3-2-6　先端側のエレメントの処理

写真3-2-7　タイヤベースに釣り竿を差し込む

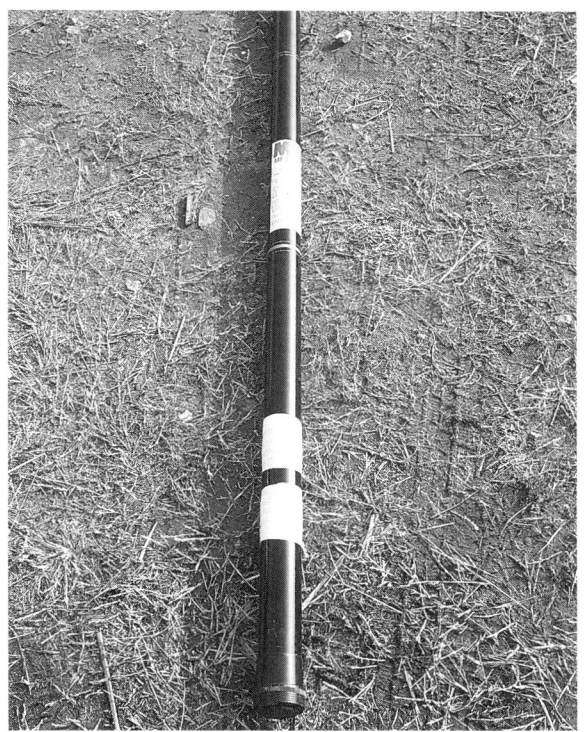

写真3-2-8　釣り竿保護のために巻いたビニル・テープ

十分です．7MHz用エレメントの片側の長さは，おおよそ10.35mですが，折り返し部分を含めて10.5m程度用意しておくと安心です．

　バラン側のエレメント端には圧着端子を取り付けておきます（**写真3-2-5**）．エレメント先端には通常は絶縁用のがいしを付けますが，軽量化のため，ナイロン製のステー・ロープを直結することにしました（**写真3-2-6**）．

● アンテナの設置

　アンテナの組み立てと設置手順は次のとおりです．バランを中心にエレメントとステー・ロープを3本のマストに取り付けます．

① 給電部を設置するマストを立てる．アンテナは軽いので，釣り竿がマストとして使える．タイヤベースの保護板を外すと10m長のアマチュア無線用釣り竿（MFJ-1910 取り扱い：日本通信エレクトロニック **http://www.jacom.com/**）がぴったり入ったのでこれを使う（**写真3-2-7**）．ポール固定用のボルトが当たる部分には，ビニル・テープを巻いて釣り竿を保護をしておく（**写真3-2-8**）．

アマチュア無線用アンテナ お手軽設置ノウハウ | 73

写真3-2-9　釣り竿を伸ばしながらタイヤベースを倒していく

写真3-2-10　結束バンドでバランを釣り竿に取り付ける
竿のつなぎ目にあらかじめビニル・テープを巻いておき，上方の竿に結束バンドを留めるとバランが落ちにくい

写真3-2-11　のぼり用ポールとポール・スタンドを利用してエレメントを張る

写真3-2-12　のぼりの先端にステー・ロープ用のガイドを付ける

② タイヤベースを倒した状態で，釣り竿を伸ばし切り(**写真3-2-9**)，下から約7mのところにバランを結束バンドで取り付ける(**写真3-2-10**)．

③ エレメントの先端は，**写真3-2-6**のようにステー・ロープを通したうえで，折り返してエレメント同士を結束バンドで軽く留めておく．決して力いっぱい締めず，エレメントが多少動くくらいにしておくこと．

④ エレメント端は容易に人が触れないよう，高め(2m程度)に上げて設置する．のぼり用ポールと専用の台座(ポール・スタンド)を使うと手軽に設置できる(**写真3-2-11**)．

Chapter 03　移動運用でのアンテナ設置

写真3-2-13　ポール・スタンドの穴に結束バンドでステー・ロープ用のガイドを付ける

写真3-2-15　立ち上がった7MHz用逆Vダイポール・アンテナ

写真3-2-14　コード・スライダーでステー・ロープの長さを調整

写真3-2-16　エレメントを折り返しながらカットして調整していく

⑤ ポールの先端には，結束バンドを使って，ステー・ロープのガイドを作っておく（**写真3-2-12**）．エレメントは，大きく垂れ下がらない程度に張っておけば十分．

⑥ 台座にあいている穴を利用して結束バンドで作ったガイドにステー・ロープを通し（**写真3-2-13**），コード・スライダーで長さを調整している（**写真3-2-14**）．台座に穴がない場合は，マグネット・クリップや粘着式壁掛けフックを利用すれば，ステー・ロープを引っかけるポイントが作れる．

これで，アンテナの設置完了（**写真3-2-15**）．

● アンテナの調整

続いてアンテナを調整します．SWRを測ってみるとおそらく低い周波数で同調していると思いますから，エレメントの折り返しとカットを併用して短くしていきます（**写真3-2-16**）．両側とも同じ長さで短くしますが，このとき短くした長さに対して，どれほどの割合でSWRが下がる周波数が移動したかを控えておき，それを参考にして調整を続けます．

目的とする周波数，例えば7100kHzでSWRが最低になるように調整していきます．主に使用する周波数範囲内でSWRが2.0以下になれば，調整

アマチュア無線用アンテナ　お手軽設置ノウハウ | 75

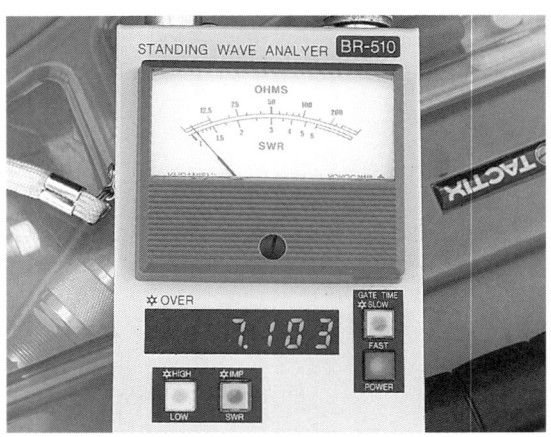

写真3-2-17　調整した結果バンドの中心でSWRが1.1

は完了です(**写真3-2-17**).

● 運用して

　フルサイズ・アンテナですから，運用できる周波数帯域幅もかなり広く取れます．7MHz用であれば，SWRが1.5以下の範囲は約200kHzで，7MHz帯を全域をカバーしています．簡単なアンテナですが，いい仕事をしてくれています．

エンドフィード・アンテナの設置

　エレメントの端から給電する，1/2λエンドフィード・アンテナを設置してみます(**写真3-2-18**, **写真3-2-19**).

　このアンテナの特長は，片側から給電するためマストが2本で済むことです．設置スペースに限りがあるときはエレメントを曲げることもできるので，柔軟な設置が可能です．

　ここでは，移動運用でアクティブな10MHz用のエンドフィード・アンテナを設置します．エレメント長は約15mです．

● アンテナの設置

　移動運用でこのタイプのアンテナを設置する場合，車を使ったタイヤベースと伸縮ポールの利用

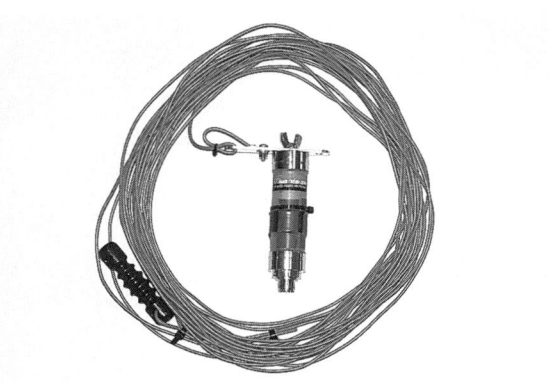

写真3-2-18　10MHz用として作ったCQ ham radioオリジナル・エンドフィード・アンテナ

写真3-2-19　エンドフィード・アンテナの全体

が便利です．アンテナ給電部の地上高は最低でも3m以上，できれば4m以上にしたいところです．給電部の地上高が低いと，大地の影響を受けてSWRが下がらないケースがあるためです．

　ここでは，給電部側のマストにタイヤベースで立てた伸縮ポールを使い，エレメント先端側は湖畔のフェンスをお借りして，アルミ合金のパイプで自作したマストを立てました(**写真3-2-20**).

　すでにある構造物を使ってマストを立てる際は「構造物にダメージを与えない」「往来者に危険を与えない，不安にさせない」「他者に迷惑をかけない」ことが絶対条件です．交通標識や案内板の支柱

Chapter 03　移動運用でのアンテナ設置

写真3-2-20　人気のない場所のフェンスをお借りしてマストを設置

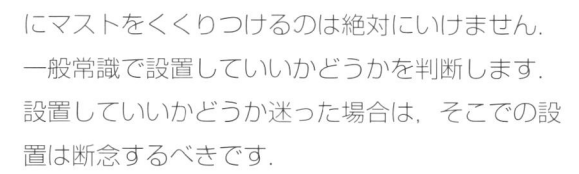

写真3-2-21　タイヤベースに伸縮ポールを差し込む

写真3-2-22　ステー・ロープの角度が45～60度くらいになる位置にペグを打ち込む

にマストをくくりつけるのは絶対にいけません．一般常識で設置していいかどうかを判断します．設置していいかどうか迷った場合は，そこでの設置は断念するべきです．

① 2本のマストの距離をエレメント長＋5mくらいになるように車を停めて，タイヤベースを設置する．10MHz用のエンドフィード・アンテナのエレメント長は約15mなので，20m程度．マストには1本ステーを張るので，駐車する角度を気をつけること．

② タイヤベースに伸縮ポールを差し込む（**写真3-2-21**）．ステー・リングにステー・ロープを取り付け，伸縮ポールをアンテナを設置する高さまで伸ばす．この位置でエレメントと180度逆方向にステーを張る．ステー・ロープは30～45度くらいの角度で引き下ろせる位置にペグを打つ（**写真3-2-22**）．通したステー・ロープは軽く張った状態になるようにコード・スライダーで調整する．伸縮ポールに負荷がかかっていない状態で，ややステー・ロープ側に引っ張り気味の状態にしておけばOK（**写真3-2-23**）．

アマチュア無線用アンテナ　お手軽設置ノウハウ | 77

写真3-2-23　エレメントの180度方向にステー・ロープを1本設置

写真3-2-24　アンテナの給電部を設置

写真3-2-25　先端側マストに結束バンドでステー・ロープのガイドを付ける

写真3-2-26　立ち上げた先端側マスト
ステー・ロープが抜け落ちないように注意

③ 一度伸縮ポールを縮める．2mくらいのロープを介して給電部を伸縮ポールに留め（**写真3-2-24**），ポールを所定の高さまで伸ばす．

④ 次に，先端側のマストを設置する．マストのトップに，ステー・ロープが滑らかに通るようにガイド（**写真3-2-25**）を取り付ける．ガイドは結束バンドを2本使って自作しているが，金具を用意するなどほかにも方法を利用してもよい．エレメントと絶縁がいしを取り付けたステー・ロープをガイドにくぐらせてから，マストを立てる（**写真3-2-26**）．その際，ステー・ロープがガイドから抜けないように注意．

⑤ 先端側マストの設置には（ここではフェンスに固定），ベルトや結束バンド，マジック・テープなどを利用するが，粘着テープなどは絶対

Chapter 03　移動運用でのアンテナ設置

写真3-2-27　ベルトを使ってフェンスにマストを固定する

写真3-2-29　先端側もコード・スライダーで長さを調整する

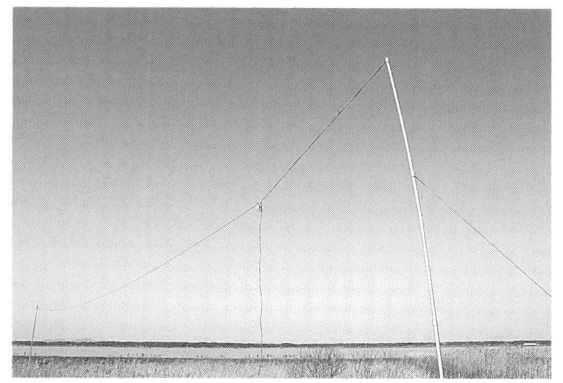

写真3-2-28　エレメントを展張

に使わないこと(**写真3-2-27**)．構造物を汚したり破損させたりしないことが大原則．

⑥ ステー・ロープを下に引っ張り，エレメントを張る(**写真3-2-28**)．その際，力を掛け過ぎないように注意．ここでもコード・スライダーを利用すると，ステーの長さ調整がやりやすい(**写真3-2-29**)．

　エンドフィード・アンテナの設置では，エレメントがたるまないように張る必要があるので，マストに相当の荷重がかかります．このとき，マストに伸縮ポールを使うと大きく曲がってしまうのです．

　曲がった伸縮ポール(**写真3-2-30**)は見た目が危険なため周りの人に不安感を与えてしまうので，これを抑えるために，あらかじめエレメントとは逆方向にステーを1本張っておき，しなりを抑える対策を施すことが重要なのです．

● アンテナの調整

　アンテナは，エレメントの折り返し(**写真3-2-31**)の長さを変えて調整します．低い周波数で*SWR*が下がっているときはエレメントが短くなるように，高い周波数で*SWR*が下がっていると

アマチュア無線用アンテナ お手軽設置ノウハウ | 79

写真3-2-30　ステーを取らないと伸縮ポールが大きく曲がり危険

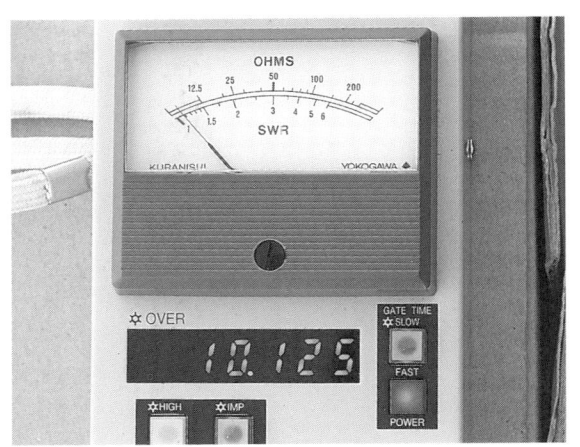

写真3-2-32　10MHz帯の中心でSWRは1.1

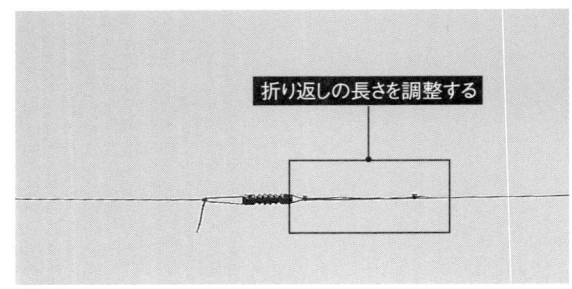

写真3-2-31　エレメントの調整点

写真3-2-33　設置が終了したエンドフィード・アンテナ

きはエレメントが長くなるように調整します．

SWRがうまく下がらないときは，アンテナの地上高が低いことが考えられます．まず，アンテナの高さを上げてみてください．

使用したい周波数帯域でSWRが2以下になれば，調整は完了です（**写真3-2-32**）．

● 運用して

立ち上がったアンテナ（**写真3-2-33**）は，いかにも飛びそうな感じがします．使ってみても，実際にパイルアップを受けられるFBなアンテナです．フルサイズ・アンテナということもあり，効率の良さを実感できます．

10MHzはバンド幅が狭いのでバンド中で低SWRをキープできますが，7MHz帯のアンテナでもバンド内をすべてSWR2.0以下でカバーできます．アンテナ・チューナを用意する必要がないのは大きなメリットですね．

同種のアンテナを設置する場合は，本稿を参考にしてみてください．

（CQ ham radio編集部）

Chapter 03　移動運用でのアンテナ設置

Column　アルミ合金製マストの製作

安価で丈夫なマストとして，インターネット・オークションでアンテナ・ポール用アルミ・マグネシウム合金製パイプ（**写真3-2-A**）が販売されています．

太さが自由に選べるので，設置環境に合わせたパイプが入手できます．タイヤベースにピッタリ収まるサイズ（**写真3-2-B**）が選べるので，設置時のガタが少なく，安心感が増します．

ここでは，40mm/35mm/30mm径×2mm厚×1750mm長のアルミ・マグネシウム合金製のパイプを加工して，約5mの伸縮ポールを製作してみました．

無加工のアルミ母材なので，自分で接続ボルト用の穴あけ加工を行わなければいけませんが，加工も楽しみの一つとしましょう．強度があるので，通常のアルミ・パイプよりかなり手強い相手です．

製作したポールでアンテナを立ててみました（**写真3-2-C**）．太めのポールを選べたので，安定感があります．ステー・リングはありませんが，必要な場合は長目の接続ボルトを用意して，そこにステー・ロープを引っかければいいでしょう（**写真3-2-D**）．

加工の大変さはありますが，値段も安く強度も満足のひと品です．人とは違ったものを使いたい，決まった長さのポールが必要，とにかく自作したもので運用したいなど…，ニーズはそれぞれあるでしょう．加工する楽しみを味わえるので，自作派の人にぜひ挑戦してもらいたいと思います．

● 伸縮ポール用アルミ・パイプの入手先
　門真メタル Yahoo！店
　TEL：072-882-1939
　インターネット・オークション「ヤフオク」から購入できます．「アマチュア無線」カテゴリーで「伸縮ポール」と検索します．「★アンテナ用ポール アルミ合金製 製品前 組み合わせ自由です」のタイトルで出品されています．

写真3-2-A　アンテナ・ポール用アルミ・マグネシウム合金製パイプ

写真3-2-B　タイヤベースにピッタリ入るサイズも選べる

写真3-2-C　製作したアンテナ・ポールでV型ダイポールを設置　ここでは2本つなぎで約3.2m高に設置

写真3-2-D　ステー・ロープは接続ボルトに引っかける

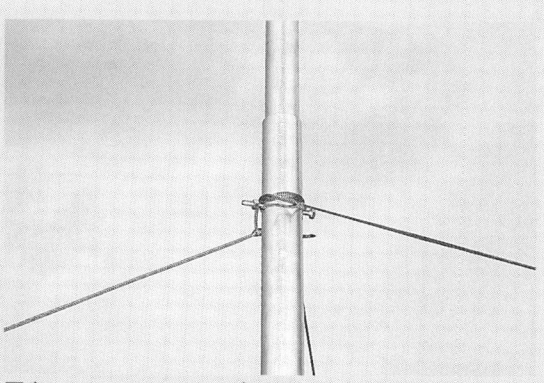

3-3 オート・アンテナ・チューナを使った移動運用

ボタン一つでアンテナのマッチングを取ってくれるオート・アンテナ・チューナは，移動運用でも大活躍します．

ここでは，移動運用での使い方と楽しむためのヒントをお届けします．汎用としても使われることが多いアイコム製のオート・アンテナ・チューナAH-4を例に挙げて説明します．

アンテナの救世主，オート・アンテナ・チューナ

オート・アンテナ・チューナ（以下，ATU）は，数mのワイヤ・エレメントとグラウンド（この項では以下，アース）があれば，多くのバンドにQRVできるアンテナの救世主だと思います．しかし，短いワイヤに電波を乗せるのですから，少しでも効率を上げて，より強力な電波を飛ばしましょう．

● アースが決め手

ATUによるアンテナは，長く伸びたエレメントだけではダメです．縁の下の力持ちであるアースが必要です．しっかりしたアースがないと飛びません．ここでは，アースの取り方やカウンターポイズ（擬似アース）の例をお見せします．

・車体アース

移動運用で車を利用する場合，車体の常設アースを利用できます．ボディにはタッピング・ビスをねじ込んで，パテで防水をしています（**写真3-3-1**）．

・はわせたアース線

5～10mほどの線（カウンターポイズ）を，地上にはわせています．何本もまとめるためにタコ足アースを自作しました（**図3-3-1**，**写真3-3-2**）．

・アース・マット（容量結合型）

第一電波工業のマグネットアース・シート

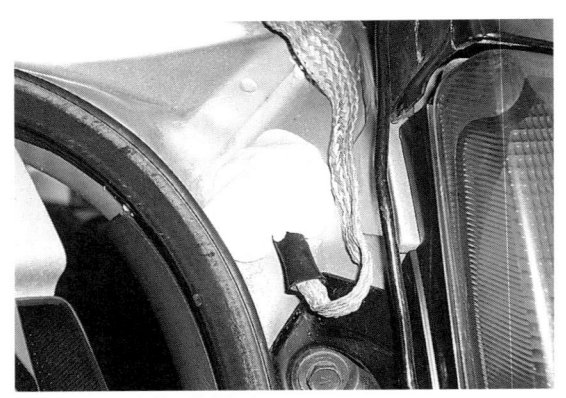

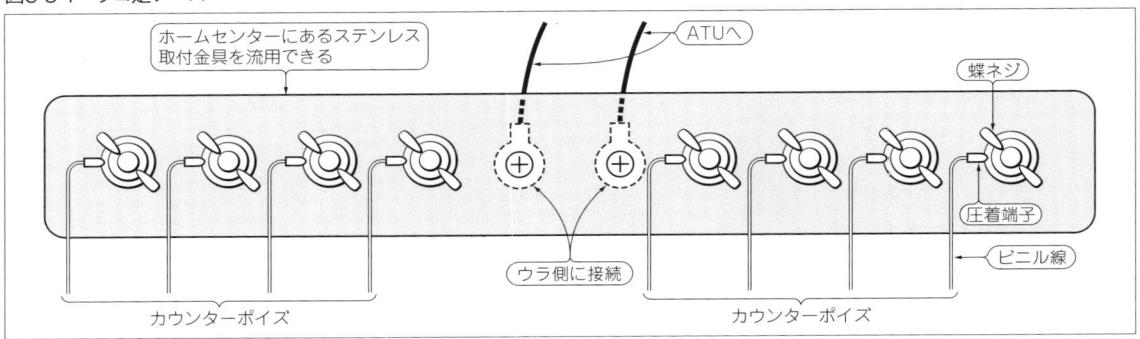

写真3-3-1　車体に接続したアース

図3-3-1　タコ足アース

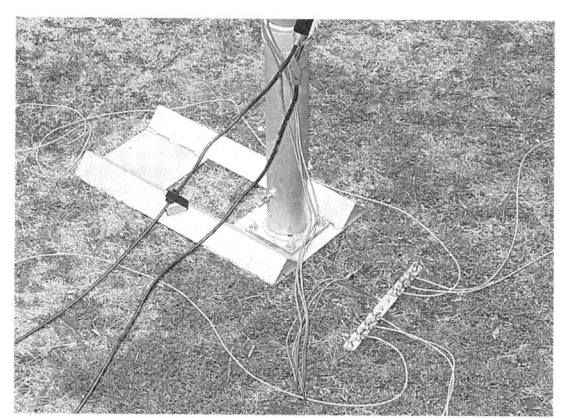

Chapter 03　移動運用でのアンテナ設置

写真3-3-2　カウンターポイズの本数を増やすための工夫

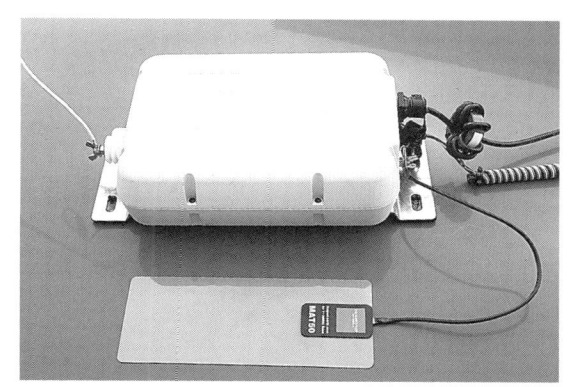

写真3-3-3　市販のアース・マット 第一電波工業 MAT50

写真3-3-4　自作アース・マットの例

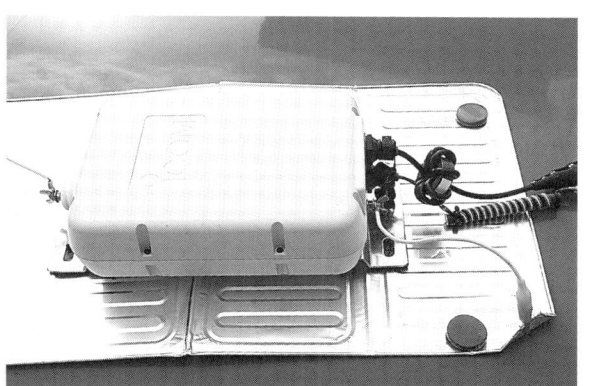

写真3-3-5　キッチン・ガードを利用したアース
ミノムシ・クリップを使ったコードでATUのアース端子とつなぐ

MAT50（**写真3-3-3**）に代表されるアース・マットです．また，アース・マットは，アルミ板を利用して自作することもできます（**写真3-3-4**）．さらに，台所用品のキッチン・ガード（油はね防止パネル）もアース・マットとして使えます（**写真3-3-5**）．車体へのダメージを気にしなければ，これがもっとも安価です．

● 地面に打ち込んだアース棒

地面にアースを打ち込むこともできます（**写真3-3-6**）．キャンプ用のハンマーとペグが使えます．

● エレメントの長さ

できるだけ長いに越したことはありませんが，波長に対して長過ぎるエレメントは，かえって効率が落ちるようです．

また，運用したいバンドの1/2λかその倍数の長さにならないように気をつけます．経験的ですが，エレメント長は6～7mまたは22mくらいがいいようです．

過敏になることはありませんが，エレメントの長さが合わなかったり，アースが不足したりして

アマチュア無線用アンテナ お手軽設置ノウハウ│83

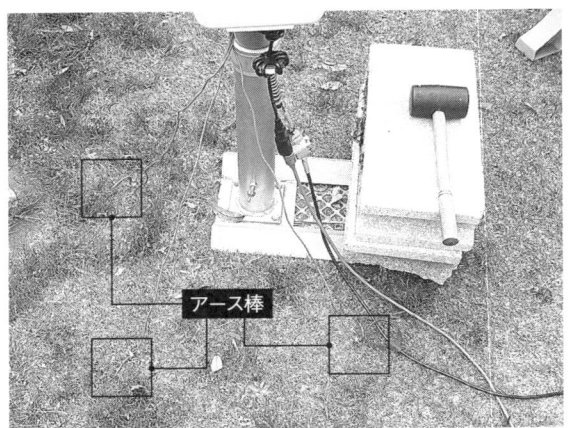

写真3-3-6 地面にアース棒（カコミ内）を打ち込んでアースを取る

写真3-3-8 山型設置の例
エレメントに人が触れないように注意

写真3-3-7 10m長グラス・ロッドにはわせたエレメント

いて，ATUでチューニングが取れないバンド出てくるかもしれません．

こんなとき，いきなりフルパワーで電波を出さないことです．場合によっては，ATUが壊れてしまいます．

● エレメントの張り方の例

エレメントの展開方法は，いろいろあります．そのいくつかの方法を紹介します．

・釣り竿に設置

タイヤ・ベースに立てた10m長のグラスファイバ製の釣り竿（以下，グラス・ロッド）に，ワイヤ・エレメントを沿わせます（**写真3-3-7**）．グラス・ロッドを固定する部分を除くと，エレメントは8mくらいになります．

・10mグラス・ロッドで山型展開

一度，10m長のグラス・ロッドでエレメントを高く持ち上げてから，下に引き下ろします（**写真3-3-8**）．こうすることにより，エレメントの長さが稼げます．ただし，エレメントの先端に高電圧が掛かるので，人が触れないように注意が必要です．

・5.4m長のグラス・ロッド

ワールドワイド社のアマチュア無線用グラス・ロッドです．筆者は中にステンレス・ワイヤを通して使っています．ロッドに巻きつけたり留めたりが不要なので移動用に便利です．ルーフ・キャリアに取り付けた塩ビ・パイプに差し込んで自立

Chapter 03　移動運用でのアンテナ設置

写真3-3-9　自立させたグラス・ロッド

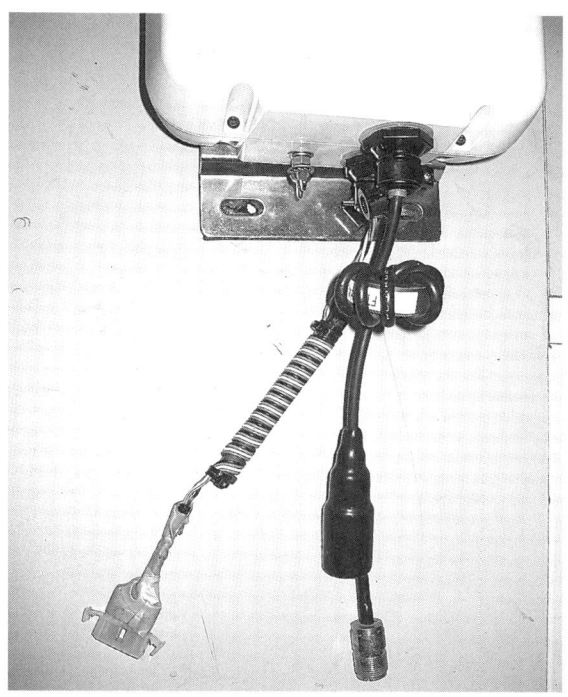

写真3-3-10　インターフェア対策

させ(**写真3-3-9**)，自作のアース用マット(**写真3-3-4**)を使ってアースを取っています．

　グラス・ロッドは，釣り具屋さんでも見つかります．4.5mまたは5.4mで5段のグラス・ロッドが使いやすいと思います．カーボンが入っていないものを選んでください．

- **直に引き回し**

　グラス・ロッドを使わずに，建物の上や木の上から地上に置いたATUに向かってエレメントを引き下ろします．旗を挙げる柱を使わせてもらったときに，エレメントを吊り上げました．

　チューニングが取れないときは，エレメントを1m単位で伸ばしたり縮めたりすることで，チューニングが取れることがあります．エレメントの先に，ギボシ端子を付けておくと簡単に延長できます．

● 回り込みは御免

　ATUを使うということは，ATUにつながっている電線は，なんらかの形でアンテナ・エレメントになってしまうものと思ってください．同軸ケーブルもコントロール・ケーブル，電源ケーブルもアンテナの一部です．

　エレメント以外のこれらケーブルに電波が乗ってしまうと，無線機にもATU本体にも悪影響があるので，分割コア(いわゆるパッチン・コア)などで回り込みを断ち切る必要があります．

　AH-4側の同軸ケーブルとコントロール・ケーブルにコアを入れます．本体から短めの接続ケーブルを出しておくと，接続や撤収に便利です(**写真3-3-10**)．

　無線機側の同軸ケーブルにもコアを入れます．これでケーブルの両端にコアが入ります．

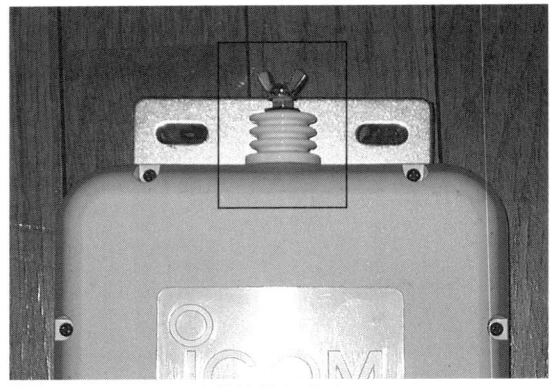

写真3-3-11　エレメント接続部のがいし

写真3-3-12　自宅に建てた3.5MHz帯用アンテナ

写真3-3-13　ベランダに設置したカウンターポイズ

● エレメントには触るな＆触らせるな

　ATUのエレメント側の端子を見てみましょう．白いがいしでできています（**写真3-3-11**）．これは，高電圧が掛かるために耐圧を高めているのです．すなわち，エレメントの両端に高電圧が掛かるということです．エレメントの先端にも高電圧が掛かるので，水平に張ったり，山型に折り返したりしたときは，人の手が触れない高さにするなどの対策が必要です．

● 移動運用のノウハウを活用して
　自宅アンテナを設置する

　ATUは移動運用にとても便利ですが，そのノウハウを利用して自宅にアンテナを設置することもできます．常設はできなくても，コンテストの期間中だけローバンドのアンテナを設置するといった，自宅内移動運用のような利用方法も考えられます．

　写真3-3-12は筆者の事例です．ベランダから3.5MHz帯のアンテナを山型折り返しで建てました．先端は短いグラス・ロッドで家の壁から離しています．アースは，ベランダ内に数m～20mくらいの電線をカウンターポイズとして転がしています（**写真3-3-13**）．

● 楽しく運用しましょう

　アイコムのAH-4を例に説明しましたが，ほかの機種でも基本は同じです．

　ATUは，正しく使えば便利な魔法の小箱です．しかし，無理に使って電波障害を起こしたり，ATUを壊したりしては元も子もありません．ATUを正しく理解して，楽しく運用しましょう．

　　　　　（JR1CCP　長塚　清　ながつか・きよし）

Chapter 03　移動運用でのアンテナ設置

3-4　グラスファイバ製釣り竿の利用

　アマチュア無線でも便利に使われている釣り竿の使い方を，いくつか紹介します．工夫次第でいろいろ使える重宝なアイテムです．長さも各種そろっているので(**写真3-4-1**)，用途によって使い分けるといいでしょう．

　釣り竿を骨に，ビニル線を沿わせてエレメントとして使用する場合は，導電性のないグラスファイバ製の釣り竿を選びます．もっとも身近なのは，長さ5～6m程度の釣り竿です．この程度の長さなら，ベランダ・アンテナとしても使える万能な竿です．移動運用で使う場合は，長さ10mの釣り竿も人気があります．ダイポール，逆V，バーチカル，逆Lなどさまざまなアンテナに利用できます．

　アマチュア無線用として販売されている釣り竿には全長26mもの製品もありますが，さすがに普通のハムには持て余してしまいます．無理なく設置できるのは，最大でも全長が12mの釣り竿だと感じます．

　5m程度以下の短い釣り竿なら，安価な竿が釣具店で購入できます．お店では，アマチュア無線用としてのラインアップのない，3m程度やそれより短い釣り竿も見つかるでしょう．HFハイバン

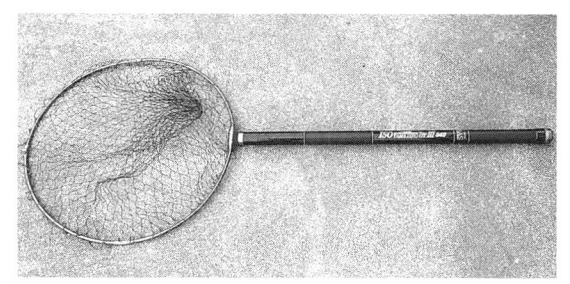

写真3-4-2　5.4m長の柄にカーボンが含まれている玉網
材質にカーボンが含まれているため剛性があるのでマストに使える

ドやV/UHF帯のアンテナに応用できるので，実際にお店に足を運んで，いろいろと構想を練るのも面白いと思います．

　エレメントとしてではなくマストとして使うのであれば，材質に導電性のあるカーボンが含まれている釣り竿やタモと呼ばれる釣り用の玉網の柄(**写真3-4-2**)も使えます．カーボンが含まれると竿に剛性が出るので，安価なマストとして便利に利用できます．

1/4λフルサイズ・バーチカル・アンテナの製作と設置

　タイヤベースと釣り竿を使って，7MHz用の1/4λフルサイズ・バーチカル・アンテナを構築します(**写真3-4-3**)．設置の準備をするにあたり，釣り竿を寝かせるだけのスペースが必要ですが，立ててしまえばほぼ車1台分のスペースしか取りません．しかし，フルサイズ・アンテナなので，効率は良好です．

● 用意するもの
　このアンテナを構築するために，次のものを用意しました．

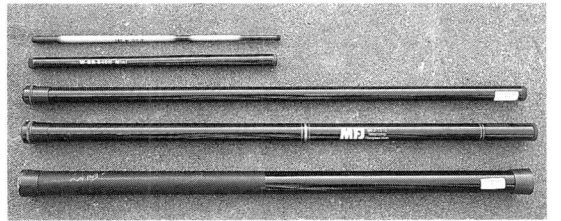

写真3-4-1　市販されている各サイズの釣り竿の例
上から順に，3m長(釣具店で購入)，5.4m長(WORLD WIDE W-GR-540H Mini)，8m長(CG ANTENNA NP-8)，10m長(MFJ MFJ-1910)，12m長(CG ANTENNA NP-12)

図3-4-1　1/4λフルサイズ・ホイップ

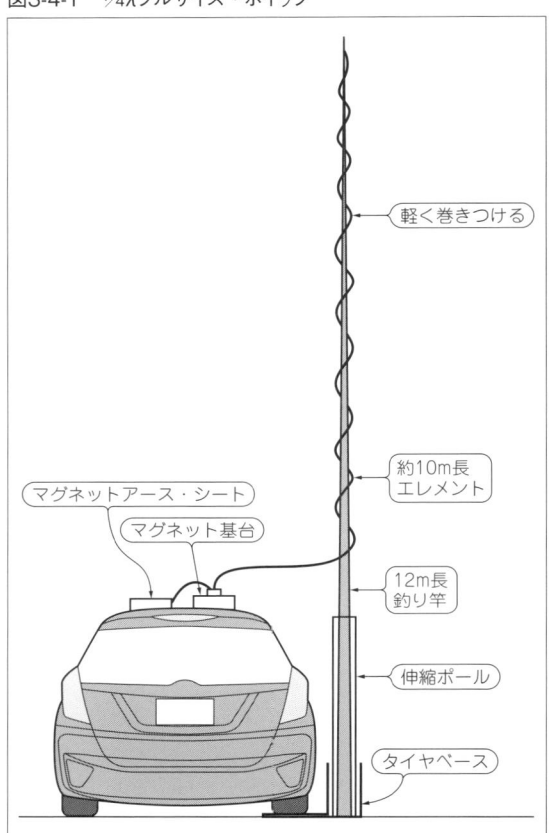

写真3-4-3　7MHz 1/4λフルサイズ・バーチカル・アンテナ

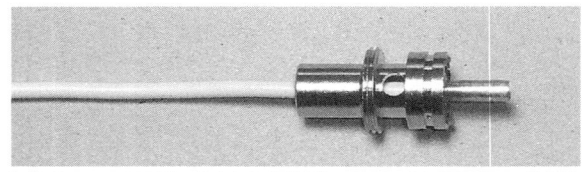

写真3-4-4　MP型コネクタの芯線側にエレメントとなるビニル線を取り付ける

写真3-4-5　タイヤベースに伸縮ポールをセット

- 12m長釣り竿．CG ANTENNA製 ローコスト・グラスファイバ・ポール NP-12
（取り扱い：エレクトロデザイン株式会社 http://www.edcjp.jp/）
- MP型コネクタを取り付けた全長11mほどのビニル線（**写真3-4-4**）
- マグネット基台
- マグネットアース・シート
- タイヤベース
- 伸縮ポール

● **アンテナの設置**

　このアンテナは，タイヤベースを利用して設置します．基本構造は**図3-4-1**に示します．

① タイヤベースをセットし，伸縮ポールを差し込む（**写真3-4-5**）．伸縮ポールには，釣り竿保護と滑り止めを兼ねて，ホームセンターで販売し

Chapter 03　移動運用でのアンテナ設置

写真3-4-6　滑り止めマットをマジック・テープで留める

写真3-4-8　エレメントを取り付ける位置を決めるためにいったん釣り竿を伸縮ポールに留める
ベルトやマジック・テープを利用する

写真3-4-7　マグネットアース・シートを取り付けたマグネット基台を用意

写真3-4-9　エレメントをマグネット基台に接続

ている滑り止めマットを巻きつけて，マジック・テープで留める(**写真3-4-6**)．

② 車のルーフに，マグネットアース・シートを取り付にたマグネット基台を取り付ける(**写真3-4-7**)．良好なグラウンドが確保できているモービル基台がすでにあれば，それを利用してもよい．

③ 2段目くらいまでを伸ばした釣り竿を伸縮ポールに縛り付ける．取付ベルトやマジック・テープなどを使うと便利(**写真3-4-8**)．

④ マグネット基台のコネクタに，MP型コネクタを付けたエレメントを取り付ける(**写真3-4-9**)．

⑤ エレメントを釣り竿のほうへ伸ばしていき，ビニル・テープで留める(**写真3-4-10**)．このときエレメントが車のルーフに接触しないよう

アマチュア無線用アンテナ お手軽設置ノウハウ | 89

写真3-4-10 釣り竿にエレメントを取り付ける

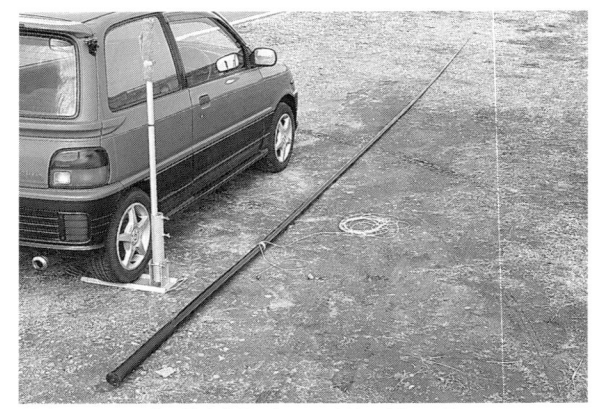

写真3-4-11 釣り竿を伸縮ポールから取り外して寝かせる

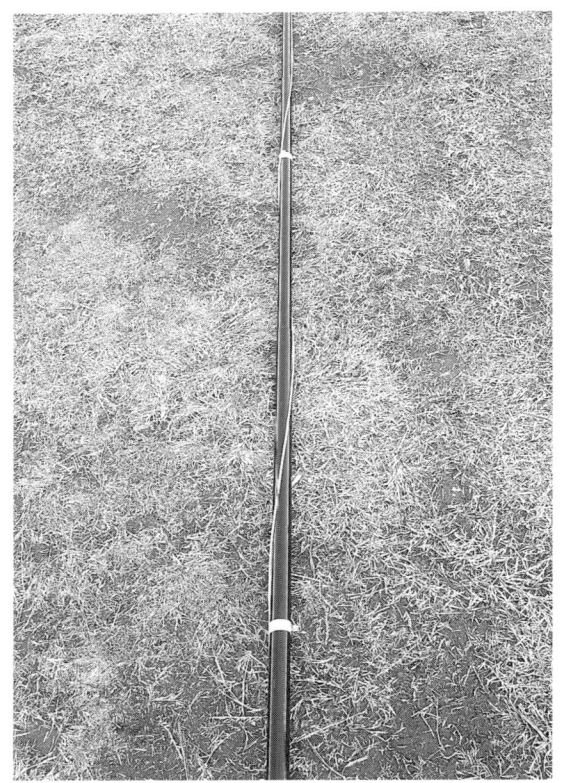

写真3-4-12 エレメントを竿に軽く巻きビニル・テープで留める

写真3-4-13 竿を伸縮ポールに取り付けてエレメントのコネクタをマグネット基台に接続する

に浮かせておくこと．
⑥ 一度マグネット基台からエレメントを取り外す．伸縮ポールから釣り竿も取り外し，伸ばしきってから寝かせる（**写真3-4-11**）．
⑦ 釣り竿にエレメントを軽く巻きつけながら，ところどころビニル・テープで留め，最後まで留めていく（**写真3-4-12**）．
⑧ 再度，釣り竿を伸縮ポールに縛り付け，エレメントのMP型コネクタをマグネット基台に取り付ける（**写真3-4-13**）．重いので注意する．

以上で，ひとまずアンテナの設置ができました（**写真3-4-14**）．

● **アンテナの調整**

立ち上がったアンテナの調整です．SWRメータやアンテナ・アナライザを使って，アンテナのSWRを確認します．無調整ではおそらく低い周波数でSWRが下がっていると思われます．SWRが低い周波数で下がっている場合はエレメントを

90 アマチュア無線用アンテナ お手軽設置ノウハウ

Chapter 03 移動運用でのアンテナ設置

写真3-4-14 立ち上がったアンテナ

写真3-4-15 SWRが2以下であれば問題なく調整できている

写真3-4-16 グラウンドを強化すればさらにSWRを下げられる

短くします．もし，SWRが高い周波数で下がっている場合はエレメントをつぎ足して長くします．

手順は次のとおりです．
① マグネット基台からエレメントを外す．
② 伸縮ポールから釣り竿を外す．
③ エレメント長を調整する．折り返したりカットしたりして短くする．
④ 釣り竿を再びセットし，マグネット基台にエレメントを接続する．
⑤ SWRを確認する．

これを希望の周波数でSWRが下がるまで繰り返します．使用したい周波数の範囲でSWRが2以下になれば（**写真3-4-15**），調整は終了です．少し手間がかかりますが，一度しっかりと調整しておけば，次にアンテナを設置したときの調整は，簡単に終わります．

SWRが下がりきらないときは，グラウンドを強化してみてください．カウンターポイズを併用する，アースマットを追加するなどを試してみると，いい結果が出ると思います（**写真3-4-16**）．

● 使ってみて

マッチング部もいらず，マグネット基台と良好なグラウンド（アース）があれば設置できるので，製作の難易度は低いアンテナです．1/4λフルサイズ・アンテナなので実用周波数帯幅は広く，効率は高いことが感じられました．

エレメント長さえ変更すれば，ほかのバンドのアンテナにもなります．各バンドの波長×1/4の長さを目安にして，エレメントを用意してください．

写真3-4-17 18MHz用として製作したCQ ham radioオリジナル・エンドフィード・アンテナ
ワイヤ受け金具は使わずにエレメントに圧着端子を取り付けて接続する

写真3-4-18 設置するアンテナの全景

写真3-4-19 タイヤベースに10m長の釣り竿を差し込む

このアンテナは，全長12mと大きいので，周囲に迷惑が掛からない場所で設置してください．一般車が頻繁に入ってくる駐車場では厳禁です．

また，風の影響も大きく受けます．常に風の強さに注意を払っておき，風が強くなる前に早めの撤収を心がけます．ご自身の責任の元，アンテナを設置して運用を楽しんでください．

HF用ノンラジアル・ホイップ

HF用の垂直系アンテナは，打ち上げ角が低くDXに有利ですが，良好なグラウンドが必要になります．そこで，グラウンドの良し悪しに左右されない，ノンラジアル・アンテナを設置してみます．ここでは，10m長の釣り竿を垂直に立てて，18MHz用のノンラジアル・ホイップを立てることにします．

エレメントの片端から給電するタイプのエンドフィード・アンテナ（**写真3-4-17**）を釣り竿に取り付けて，HF用ノンラジアル・ホイップ（**写真3-4-18**）としてみます．

● 設置方法

エンドフィード・アンテナとタイヤベース，10m長の釣り竿（MFJ-1910 取り扱い：日本通信エレクトロニック **http://www.jacom.com/e-shop**）を組み合わせて，ノンラジアル・ホイップを構築します．この釣り竿は，タイヤベース（第一電波工業 TMB）のマスト支持パイプにちょうどピッタリ収まる，もってこいの釣り竿です．釣り竿の長さの関係から，18MHz以上のアンテナで使えます．

アンテナを設置する前には，あらかじめマスト2本を使った通常の設置方法で，アンテナが正常に動作するように調整をしておきます．釣り竿に設置したときに調整が簡単で済むことと，問題があった場合に原因が設置方法にあるのかアンテナ本体にあるのかを切り分けるためです．

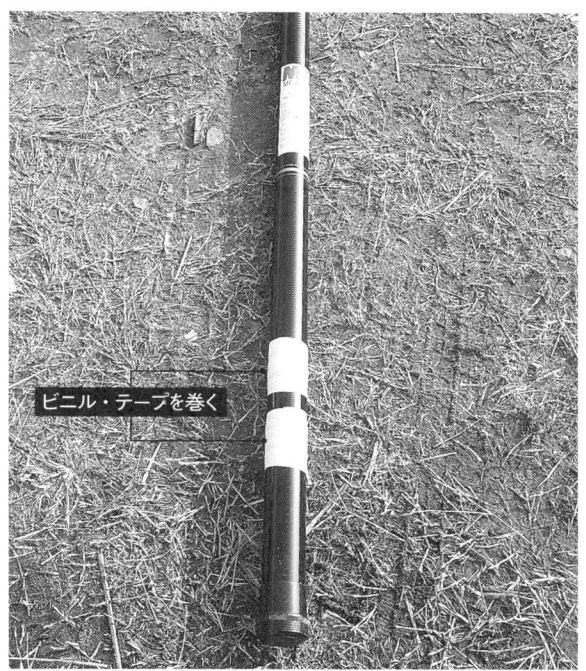

Chapter 03　移動運用でのアンテナ設置

写真3-4-20　釣り竿にはあらかじめビニル・テープで保護をしておくとよい

写真3-4-21　アンテナの給電部を釣り竿に取り付ける

写真3-4-22　タイヤベースごと釣り竿を倒してエレメントを巻きつけていく

それではアンテナを設置します．
① タイヤベースをセットして，マスト保護板を取り外す．釣り竿をマスト支持パイプに差し込む(**写真3-4-19**)．釣り竿にタイヤベースの固定ボルトが当たる部分には，できれば保護用のビニル・テープを事前に巻いておきたい(**写真3-4-20**)
② おおよそ2mくらいの高さの位置に，エンドフィード・アンテナの給電部をマジック・テープや結束バンドで固定する(**写真3-4-21**)．
③ タイヤベースを倒し，釣り竿を伸ばしきってから，エレメントを釣り竿に軽く巻きつけながら沿わせていく．先端と途中の数か所をビニル・テープで留める(**写真3-4-22**)．
④ エレメントを取り付けた釣り竿を直立させて，タイヤベースを固定する(**写真3-4-23**)．

以上でアンテナを設置できました．

● **アンテナの調整**

調整は，エレメントの先端(**写真3-4-24**)を折り返したり，伸ばしたりして行います．SWR計でSWRを測定し，バンド内でSWRが下がっていなければ，アンテナを一度倒し，調整を行います．低い周波数でSWRが下がっていればエレメントを短く，高い周波数でSWRが下がっていれば，エレメントを長くします．

18MHz用のアンテナなら，バンド中で低い

アマチュア無線用アンテナ　お手軽設置ノウハウ | 93

写真3-4-23　タイヤベースを戻し釣り竿を直立させる

写真3-4-24　調整のためにエレメントの先端を折り返す

写真3-4-25　SWRはバンド中で低い値になる

写真3-4-26　絶好のロケーションの湖畔に立てたアンテナ

SWR値を保てます(**写真3-4-25**).

　SWRが下がり切らない場合は，給電部をできるだけ車体から離したり，地上高を高くしたりするなど，影響を受けるものからできるだけ離す工夫をしてみてください．

● 使ってみて

　このアンテナは，ほぼ車1台分のスペースがあればいいので，スペースに余裕がない場合でも設置が可能です．グラウンドを確保する必要がないことも，大きなメリットです．

　打ち上げ角の低い垂直偏波になるので，どちらかと言えば海外交信向けのアンテナと思われます．海岸や湖畔(**写真3-4-26**)などの，周りが広く見渡せるロケーションであれば，いっそう効果的だと思われます．

50MHz用ヘンテナの製作と設置

　50MHzの移動用アンテナとしてポピュラーなヘンテナを自作して，8m長の釣り竿を利用して設置してみます(**写真3-4-27**)．

　ここでは，人通りがほとんどない場所のフェンスの支柱をお借りして，アンテナを立てました．

　エレメントの取り付けには，結束バンドを使用することで，製作作業の簡略化とコストダウンを図ります．

● 用意するもの

- 8m長の釣り竿…CG ANTENNA製 ローコスト・グラスファイバ・ポール NP-8

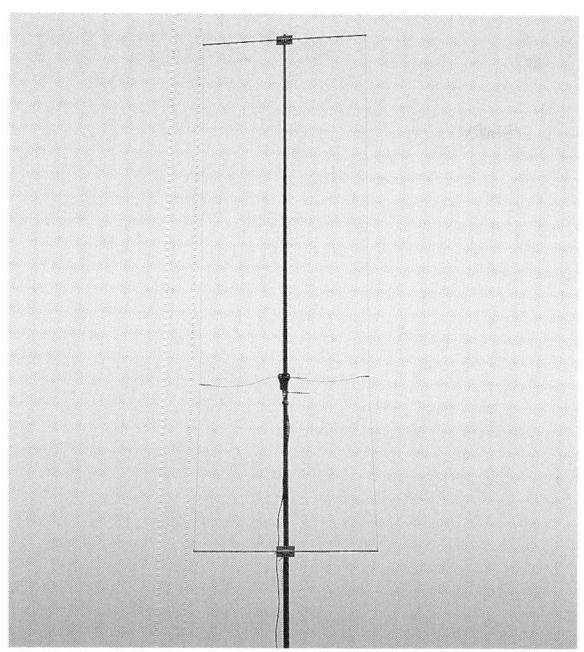

Chapter 03 移動運用でのアンテナ設置

写真3-4-27 本稿で製作・設置をするアンテナ

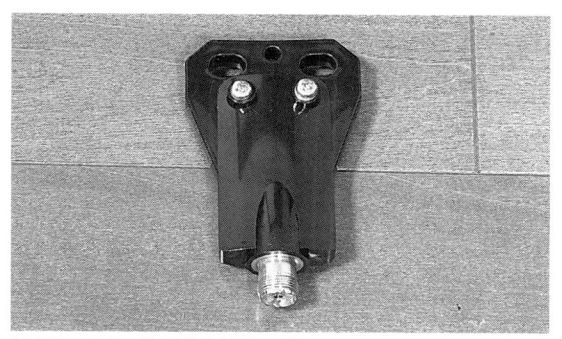

写真3-4-28 使用する市販のバラン

図3-4-2 50MHz用ヘンテナ

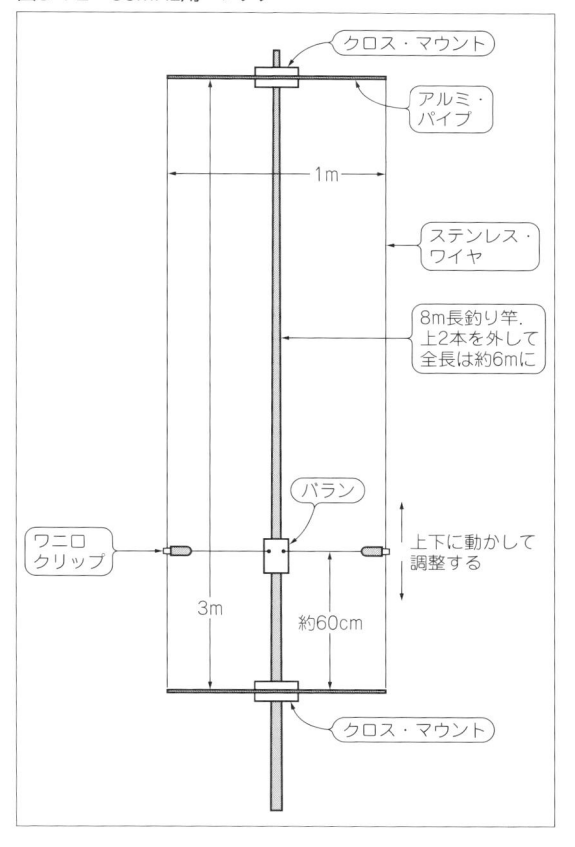

(取り扱い：エレクトロデザイン株式会社 **http://www.edcjp.jp/**)

- アルミ・パイプ…直径10mm×1m長×2本
- 市販バラン…第一電波工業 Bu-55（**写真3-4-28**）
- ステンレス・ワイヤ…直径1mm×8m
- 圧着端子…R1.25-3×6個
- ワニロクリップ…2個
- ボルト・ナット…M3 20mm×4セット
- クロス・マウント用板…100mm×60mm×2枚
- クロス・マウント用5mmの角材…約50mm×4本，約60mm×4本（長さは適当でOK）
- 結束バンド…サイズなどは現物合わせで

以上のものを用意して，**図3-4-2**を参考にアンテナを製作します．

● アンテナの製作

① アルミ・パイプの先端にφ3.2mmの穴をあける（**写真3-4-29**）．パイプの表面に導通がなければ，穴の周辺をやすりやサンド・ペーパーで削り，塗膜などの表面加工を除去する．

② 水平エレメントをマストに取り付けるクロス・

アマチュア無線用アンテナ お手軽設置ノウハウ | 95

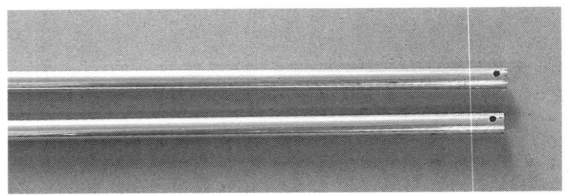

写真3-4-29 エレメント取り付け用の穴をあける

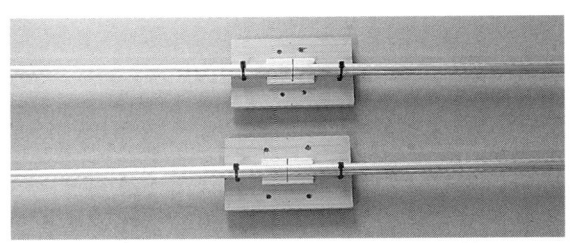

写真3-4-31 クロス・マウントに水平エレメントを取り付ける

写真3-4-30 水平エレメントをマストに取り付けるためのクロス・マウント
この写真を参考にして加工を行う．寸法は現物に合わせて決める

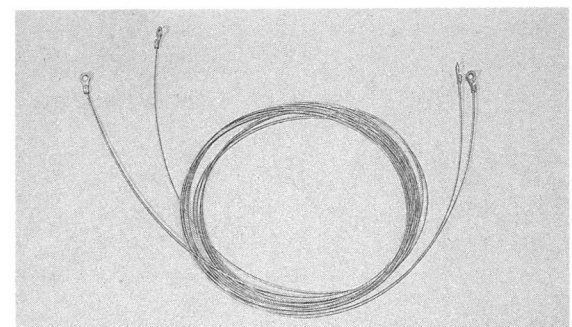

写真3-4-32 ステンレス・ワイヤの両端に圧着端子を取り付ける

マウントを木板で作る．100mm×60mmの板に，エレメント支持用の5mm角の角材を木工用ボンドで貼り付ける．板の裏側にもマストのずれを防ぐ角材を木工用ボンドで貼り付けておく．エレメントとマストを固定するための結束バンドを通す穴をあける（**写真3-4-30**）．結束バンド用の穴の位置は多少ずれても問題ない．これを2枚作り，水平エレメントを結束バンドでクロス・マウントに取り付ける（**写真3-4-31**）．上下のクロス・マウントでマスト固定穴の位置が違うため，間違えないように注意する．

③ ステンレス・ワイヤを3m×2本，70cm×2本にカットする．エレメントとなる3mのワイヤの両端に，圧着端子を取り付ける（**写真3-4-32**）．

④ 70cmのワイヤは圧着端子とミノムシ・クリップを取り付けて給電用ワイヤとなる（**写真3-4-33**）．その際，たるみがないように現物合わせで長さの微調整が必要．実際に，マストに水平エレメントとバランを取り付けて，給電用ワイヤの長さを測る．

以上で加工の作業は終了です．

● アンテナの設置

見晴らしがいい場所のフェンスをお借りしてアンテナを立ててみます．

① 先端2本をあらかじめ抜いた状態で，釣り竿を伸ばし切る．上から5cm程度の位置を中心に，釣り竿保護と滑り止めを兼ねたビニル・テープを巻く（**写真3-4-34**）．下側パイプを取り付けるあたりにも同様にビニル・テープを軽く巻いておく．

② 水平エレメントを結束バンドで釣り竿に留め，垂直エレメントのステンレス・ワイヤを取り付ける（**写真3-4-35**）．下側エレメントに垂直エレメントをつなぎ，結束バンドでマストに留め

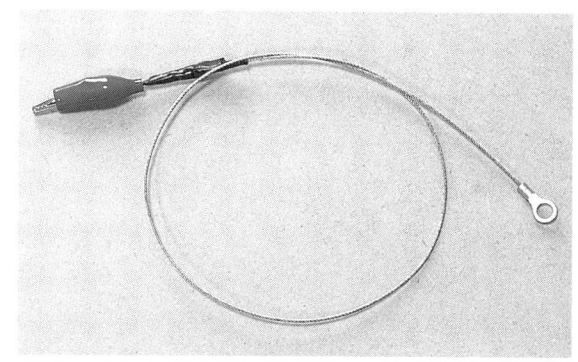

Chapter 03 移動運用でのアンテナ設置

写真3-4-33 長さを調整して給電用ワイヤにワニ口クリップと圧着端子を取り付ける

写真3-4-36 下側水平エレメントは垂直エレメントを取り付けたあとに結束バンドでマストに留める

写真3-4-34 クロス・マウントを取り付ける部分にビニル・テープを巻く

写真3-4-37 結束バンドとマジック・テープを使ってバランをマストに取り付ける

写真3-4-35 上側水平エレメントをクロス・マウントに留め垂直エレメントを取り付ける

写真3-4-38 給電ワイヤをバランに取り付けた後に垂直エレメントへクリップで留める

る(**写真3-4-36**).

③ 同軸ケーブルをつないだバランを下側パイプから約60cm上方に，結束バンドとマジック・テープで取り付ける(**写真3-4-37**).

④ 給電用ワイヤをバランに取り付け，ワニ口クリップでワイヤ・エレメントとつなぐ．この際，給電用ワイヤはなるべくたるまないようにしておく(**写真3-4-38**).

アマチュア無線用アンテナ お手軽設置ノウハウ | 97

写真3-4-39　フェンスの支柱にベルトなどで釣り竿を固定する

写真3-4-41　SWRは2以下になれば調整完了

写真3-4-40　立ち上がった50MHz用ヘンテナ

⑤ 釣り竿をフェンスにベルトなどで縛り付け(**写真3-4-39**), アンテナを直立させる. アンテナ自体は軽量なので, 設置の難易度は低い. 以上でアンテナは完成です(**写真3-4-40**). 上側パイプの高さは約6m, 下側のパイプでも約3mの高さにあるので, 見栄えのするアンテナです.

● アンテナの調整

　アンテナの調整は, 給電ワイヤの位置を上下させて行います. SWRメータやアンテナ・アナライザをつなぎ, SWRを測定します. 低い周波数でSWRが下がっていたら, 給電ワイヤをバランごと上方にシフトさせます. 高い周波数でSWRが下がっていたら, 給電ワイヤをバランごと下方にシフトさせます.

　50MHzでは, CWの運用もSSBバンドで行われることも多いので, 50.150〜50.600MHz付近でSWR値が下がっていれば, AMも含めてカバーできます. SWRはあまり追い込む必要はなく, 2以下であれば問題ありません(**写真3-4-41**).

● 運用して

　このバンドで人気が高い2エレメントHB9CVと比べても, まったく遜色ないように感じます. 指向性は緩いので, 広い地域と交信したい移動運用やコンテストでの使用に向いているでしょう.

(CQ ham radio編集部)

Chapter 03　移動運用でのアンテナ設置

3-5　カメラ用三脚の利用

　カメラ用三脚を利用して，アンテナを立ててみます．三脚は想像以上に便利に使えるので，工夫次第でいろいろなアンテナが立てられます．

カウンターポイズを利用して HF用モービル・ホイップを設置する

　専用金具を自作して，カメラ用三脚にHF用モービル・ホイップを取り付けます（**写真3-5-1**）．ポータブル機と組み合わせれば，公園や広場などでもHF帯の運用が楽しめます．用意する三脚は，1,000円程度の安価な製品で十分です．

● 用意するもの

　用意するものを**表3-5-1**に示します．ボルト・ナットのセットと圧着端子は，用意するL型金具に合わせます．グラウンドとなるカウンターポイズ用のビニル線は，安価な細い平行線を二つに割いたもので構いません．カウンターポイズ取付用ボルトは少し長めのものを用意します．

　アンテナは7MHz用を立てますが，3.5MHzのアンテナを立てる場合は，カウンターポイズを増やす必要がありそうです．10MHz以上のバンドでは，このままで動作します．同軸ケーブルは車載用ケーブルが流用できます．

● 取り付け金具の加工

　ホームセンターで購入できるL型金具を2個利用して（**写真3-5-2**），コの字型の金具を作ります．M型コネクタ用の穴はφ16mmです（**写真3-5-3**）．金具を買ったときに，ホームセンターの金属加工サービスを利用して穴をあけてもらえ

写真3-5-1　カメラ用三脚を利用してHF用モービル・ホイップを設置

表3-5-1　用意する部品

名　称	数　量	用　途
L型金具	2個	本体用
ボルト・ナット・セット	2セット	金具接続用
ボルト・ナット・セット	2セット	カウンター・ポイズ取り付け用（ナットは計4個）
圧着端子	8個	カウンターポイズ用
ビニル平行線	20m	カウンターポイズ用
アンテナ	1本	HF用
同軸ケーブル	任意長	モービル基台用
ペグ	8本	カウンターポイズ固定用

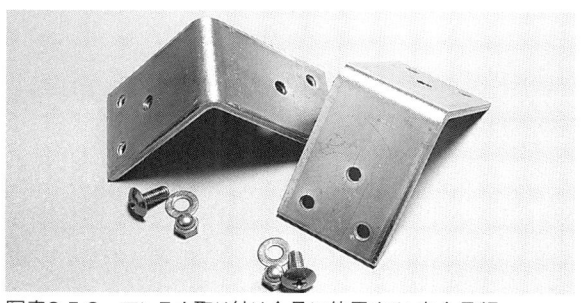

写真3-5-2　アンテナ取り付け金具に使用するL字金具類

アマチュア無線用アンテナ　お手軽設置ノウハウ | 99

写真3-5-3 L字金具にMJ型コネクタ用の穴をあける
ホームセンターの金属加工サービスを利用すると手間が省ける

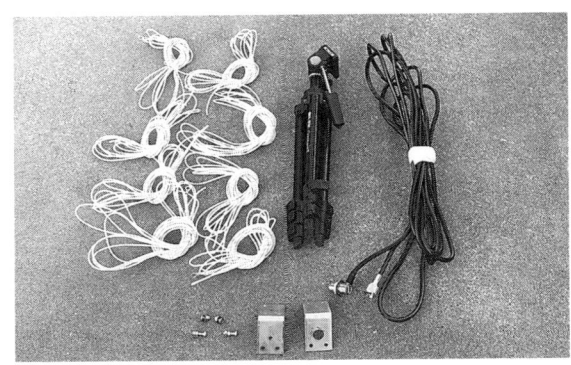

写真3-5-6 用意するもの一式
これに運用バンドのアンテナを用意する

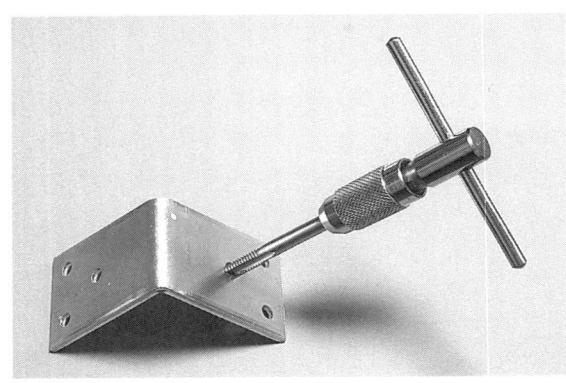

写真3-5-4 三脚に留めるためのネジ山のタップを切る

写真3-5-7 三脚に組み立てた金具をセット

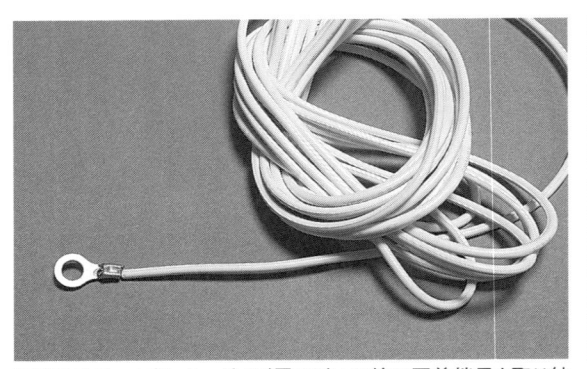

写真3-5-5 カウンターポイズ用のビニル線に圧着端子を取り付ける

写真3-5-8 カウンターポイズの取り付け

ば，難しい作業を省略できます．または，上部のL字金具を小型のハッチバック用基台に置き換えてもいいでしょう．

三脚の雲台に取り付けるための，1/4インチのタップでネジを切ります（**写真3-5-4**）．

● カウンターポイズの製作

ビニル平行線を2本に割り，5m長にカットして8本用意します．先端には圧着端子を取り付けて

Chapter 03　移動運用でのアンテナ設置

写真3-5-9　カウンターポイズの配置

写真3-5-10　ペグにカウンターポイズを結んで真っ直ぐに伸ばす

写真3-5-11　SWRの調整結果

写真3-5-12　ポータブル機を野外に持ち出してこのアンテナ・システムと接続
QRP運用でも十分楽しめる

おきます(**写真3-5-5**).

● 組み立てと設置

　組み立て前の状態を**写真3-5-6**に示します．L字金具は組み立てて，三脚に設置します(**写真3-5-7**)．カウンターポイズをL字金具に取り付けて(**写真3-5-8**)，8方向に伸ばします(**写真3-5-9**)．カウンターポイズは垂らしておくよりも，ペグを使って軽く張ったほうがいいようです(**写真3-5-10**)．アンテナを調整すると，SWRは1.5以下に下げられます(**写真3-5-11**).

● 使ってみて

　アンテナがしっかり調整されていると，十分楽しめるシステムです．ポータブル機と組み合わ

アマチュア無線用アンテナ　お手軽設置ノウハウ　｜　101

せる(**写真3-5-12**)と手軽に屋外から運用できます．アンテナ自体もかさばらないので，携帯性にも優れます．旅のお供にいかがでしょうか．

マストを取り付けて小型アンテナを設置する

三脚に，短いアンテナ・マストを取り付けて，430MHz帯のアンテナを設置してみます．

使用するのはL型金具と¼インチのネジ，長さ30cmほどの塩ビ・パイプ，3×50mmのボルト・ナットのセットです．塩ビ・パイプの長さには特に指定はありませんが，長すぎると不安定になり，短すぎるとアンテナを取り付けにくくなります．30cm程度がちょうどいい長さではないかと思います．

● **基台とマストの製作**

基本的な構造は**写真3-5-13**を見てください．特に説明はいらないほど簡単です．塩ビ・パイプにはL字金具を留めるためのネジ穴を2か所，ドリルで貫通させます(**写真3-5-14**)．塩ビ・パイプは柔らかいので，穴あけ加工は難しくありません．

次に，L字金具を¼インチのナットで三脚の雲台に取り付けます(**写真3-5-15**)．このとき，使う金具によってはネジのかかりが浅くなることもあります．直接ネジを切ることができるL字金具探し，¼インチのタップを切ってもいいでしょう．

三脚に取り付けたL字金具に，ボルトとナットで塩ビ・パイプで作ったマストを取り付けると完成です(**写真3-5-16**)．

● **アンテナの取り付け**

マストに取り付けるアンテナは，軽量なものを選びます．

・**モービル・ホイップの取り付け**

パイプ用基台を使って，144/430MHz用ノン

写真3-5-13　カメラ用三脚と塩ビ・パイプで構成したマスト・システム

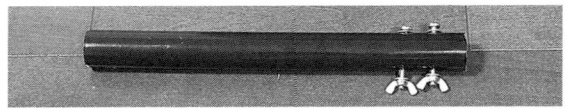

写真3-5-14　塩ビ・パイプに蝶ネジを取り付け

写真3-5-15　三脚の雲台にL字金具を¼インチのナットで固定

Chapter 03　移動運用でのアンテナ設置

写真3-5-16　塩ビ・パイプのマストを三脚に固定すれば完成

写真3-5-17　144/430MHz用ノンラジアル・ホイップをパイプ基台を利用して取り付ける

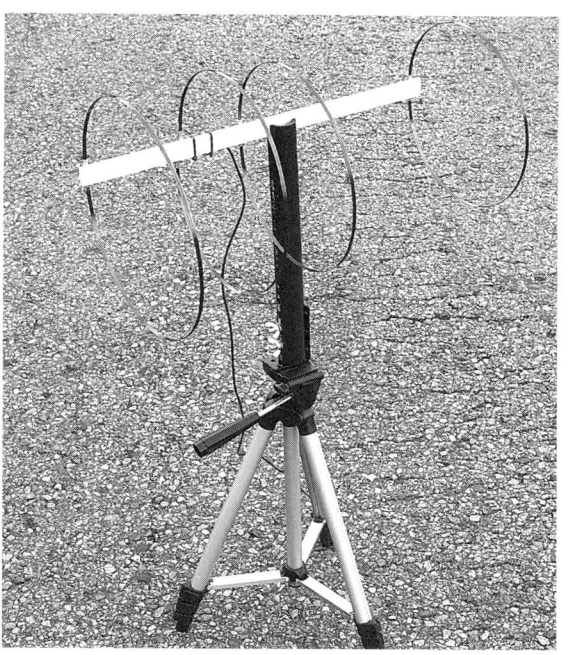

写真3-5-18　自作430MHz用4エレメント・ループ・アンテナをマストに設置

写真3-5-19　マストにはブームをはめ込むための切り込みを入れておく

ラジアル・モービル・ホイップを取り付けます（**写真3-5-17**）．同軸ケーブルには，長さ1mのハンディ機用変換ケーブル（MJ-SMAP，MJ-BNCPなど）がベストマッチです．

使用するアンテナは，転倒のリスクを低くするため，長さ70cm程度までの短めのアンテナ（できれば軽量タイプ）をお勧めします．

● 4エレメント・ループ・アンテナの取り付け

次項で説明する軽量430MHz用4エレメント・ループ・アンテナを取り付けます（**写真3-5-18**）．アンテナを取り付ける際は，**写真3-5-19**のようにマストに切り込みの加工をします．アンテナ自体も軽いので，きつめにしておけばボルトとナットで締め付けなくても脱落することはありません．

アマチュア無線用アンテナ　お手軽設置ノウハウ | 103

写真3-5-20 モービル・ホイップで移動運用

図3-5-1 430MHz用4エレメント・ループ・アンテナの寸法図

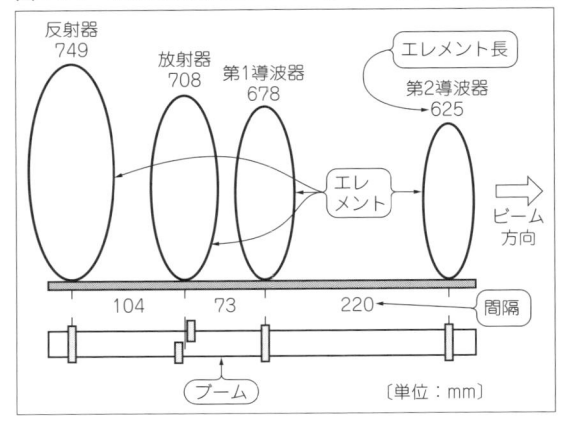

```
反射器  放射器  第1導波器  エレメント長
 749    708     678      第2導波器
                          →625
                                  エレ
                                  メント    ビーム
                                           方向
         104    73       220     間隔
              ブーム           〔単位：mm〕
```

写真3-5-21 4エレメント・ループ・アンテナで移動運用

● 運用して

　山に三脚とアンテナを持参し，運用してみました（**写真3-5-20**，**写真3-5-21**）．これまでの，ハンディ機＋純正ホイップ・アンテナの運用では，どうしても力不足感をぬぐえませんでしたが，電波の飛びが大きく変わりました．手軽に持ち運べるので，ハイキングのお供に持って行くと楽しい一日が過ごせそうです，hi．

430MHz用 4エレメント・ループ・アンテナの製作

　三脚のマストに取り付けることを目的とした，430MHz用4エレメント・ループ・アンテナを作ります．このアンテナは「JA1YWI グローバルアンテナ研究会」のWebサイトに掲載されている，「ハンディ機直付430MHz4エレループアンテナ」の記事を参考にして，持ち運びが簡単にできるようアレンジを加えています．

http://ja1ywi.web.fc2.com/

● アンテナの構造

　基本的な構造を**図3-5-1**に，製作したアンテナを**写真3-5-22**に示します．

　直接同軸ケーブルから給電できるので，バランやマッチング部は必要ありません．同軸ケーブルの芯線と編組線をアンテナのラジエータに直結しています（**写真3-5-23**）．

　同軸ケーブルは，パーツ・ショップで，AV用としてBNCコネクタ付きの50Ω同軸ケーブル（RG-58A/U）やSMAコネクタ付きケーブル（**写真3-5-24**）が販売されているので，これを途中でカットして使うと手間がかかりません．長さは1mのものがお勧めです．同軸ケーブルは三脚に取り付けることを考えて，短くなり過ぎないように要注意です．もしくは，2mの同軸ケーブルを半分に切って，アンテナを2セット作るのもいいかもしれません．

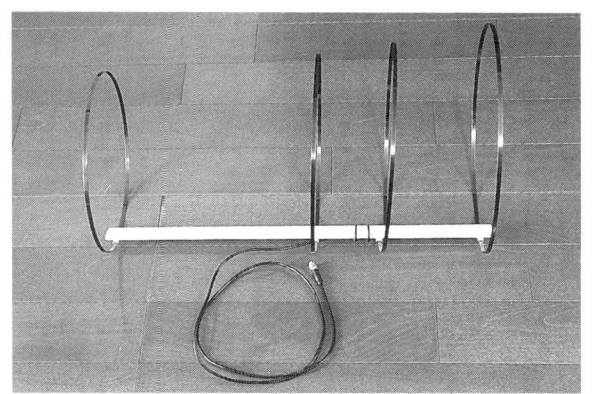

Chapter 03　移動運用でのアンテナ設置

写真3-5-22　製作した430MHz用4エレメント・ループ・アンテナ

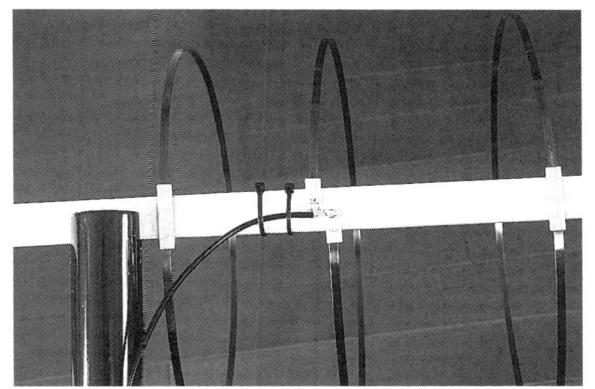

写真3-5-23　給電方法はエレメントに同軸ケーブルを直結

● エレメントの製作

　エレメントには4mm幅×0.4mm厚の帯鋼(**写真3-5-25**)を利用しています．帯鋼の入手方法はグローバルアンテナ研究会のWebサイトで紹介されています．

① エレメントとなる帯鋼を，**図3-5-1**に書かれている数値で切り出す．帯鋼は，切り出す部分をラジオ・ペンチではさみ，挟んだところを折り曲げるように指で力をかければ，簡単に切断できる．

② 切り出したエレメントの切断部分は鋭利になっているので，やすりで角を落としておく(**写真3-5-26**)．

写真3-5-24　使用した同軸ケーブル

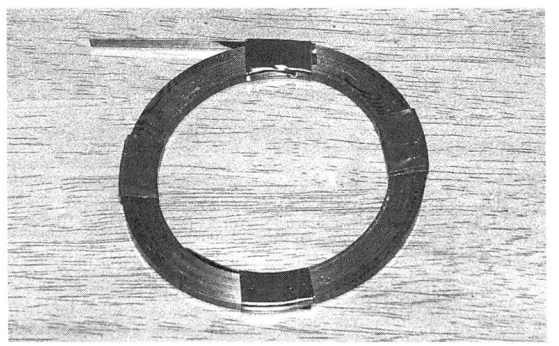

写真3-5-25　エレメントに使用した帯鋼
JA1YIWのWebサイトから購入できる

③ エレメントをブームに取り付けるための，エレメント・サポートを作る．

④ 反射器と導波器をブームに取り付けるためのエレメント・サポートを3個．外径4mm 肉厚0.5mmの銅パイプを長さ30mmと放射器用のエレメント・サポート長さ20mmに切り，ハンマーで軽く叩きながら薄く押しつぶす(**写真3-5-27**)．最初は帯鋼は入らないが，薄くなれば入るようになる．帯鋼1枚がキツめに入る程度にしておくとよい．叩き過ぎには十分注意すること．

アマチュア無線用アンテナ お手軽設置ノウハウ | 105

写真3-5-26　先端をやすりで丸める

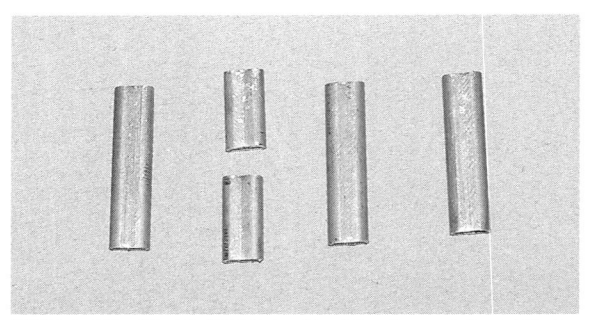

写真3-5-27　銅パイプを平たくつぶして作ったエレメント・サポート

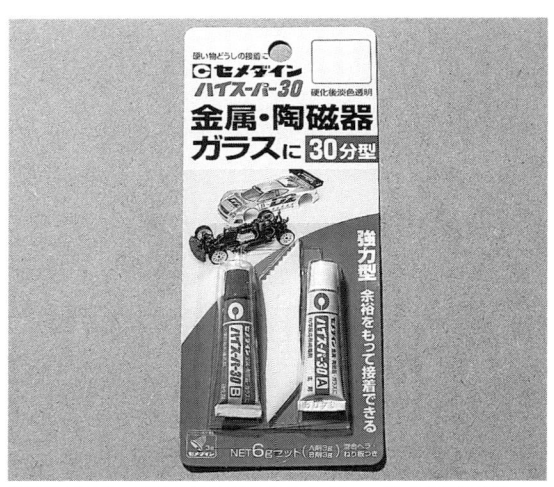

写真3-5-28　硬化時間が30分タイプのエポキシ系接着剤

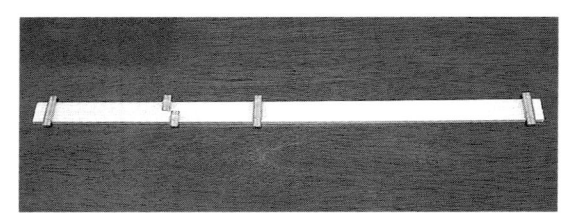

写真3-5-29　接着剤を塗布してエレメント・サポートを固定

● ブームの製作

　ブームには，長さ420mm×幅20mm×厚さ5mmのヒノキ材を使っています．これに銅パイプで作ったエレメント・サポートを取り付けます．

① 図3-5-1の寸法のとおりにエレメントの位置を決め，ペンでブームに印を付ける．
② 印を付けた位置にエレメント・サポートを置き，エポキシ系接着剤(**写真3-5-28**，硬化時間30分タイプがお勧め)を塗って固定する(**写真3-5-29**)．硬化するまで少し時間があるので，位置の修正は可能．給電部のエレメント・サポートは，後ではんだ付けをするので，全体を接着材で覆わないこと．はんだ付けをする内側5mm程度を確保しながら接着剤を塗布する．
③ 接着剤の種類と気温にもよるが，硬化するまで1時間ほど待ち，接着剤が硬化したら，給電部に同軸ケーブルをはんだ付けを行う．
④ **写真3-5-24**の同軸ケーブルの片側コネクタを切断し，芯線と編線を露出させる(**写真3-5-30**)．網線と芯線をそのまま給電部のエレメント・サポートにはんだ付けをする．これでブームが完成(**写真3-5-31**)．

● 組み立てと調整

　長いエレメントから順番に反射器，放射器，導波器1，導波器2です．エレメントを，ブームにあるそれぞれの位置のエレメント・サポートに両側からカチっと接触するまで差し込みます．放射器は，エレメント・サポートからエレメントを突き出したり，手前で止めておいたりすることで，SWRの最低点の周波数を多少前後させることができます(**写真3-5-32**)．

　寸法どおりに組み立てたアンテナは，無調整でも主に使用する帯域内のSWRがほぼ1.5以下になっているはずですが，アンテナ・アナライザを使って調整すると，433.00MHzでSWRは1.1になりました(**写真3-5-33**)．

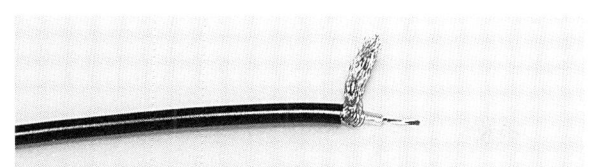

Chapter 03　移動運用でのアンテナ設置

写真3-5-30　同軸ケーブルのコネクタを切断して芯線と編組線を露出させる

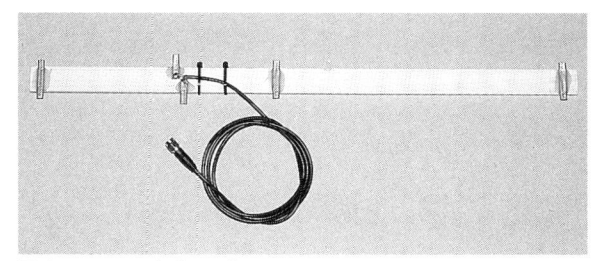

写真3-5-31　完成したブーム

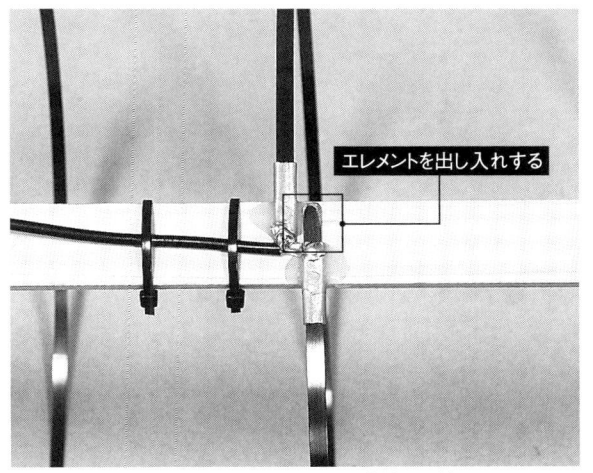

写真3-5-32　エレメントを出し入れして周波数を調整する

写真3-5-33　調整後433.00MHzでSWRが1.1に

写真3-5-34　製作したアンテナを移動運用で使用

● 使ってみて

　見晴らしのいい場所に持って行き，ハンディ機に取り付けて運用してみました（**写真3-5-34**）．アンテナを回すと，RS 59で入感していた局が，スケルチで切れてしまうほど，ビームの切れが体感できるほか，アンテナ・ゲインが十分あることも体感できます．とても軽量なので持ち運びにも苦労しません．マストに改良を加えるとさらに軽量のアンテナ・システムも作れます．

　このアンテナの製作で参考にさせていただいた「JA1YWI グローバルアンテナ研究会」のWebサイトでは，ほかにもいろいろな自作アンテナが紹介されています．アンテナの自作に興味がある方は，一度ここを訪れてみてください．役立つ情報がたくさん見つかります．

　アンテナの自作を通し，ものづくりの楽しさと運用する楽しさの両方を感じて，豊かなハムライフをお過ごしください．

（CQ ham radio編集部）

3-6 展望フロア移動のアンテナ

都市部の有力な移動運用場所として，高いビルの展望フロアに目を向けるハムがいます．一般に公開されている展望フロアの一角を少しお借りして，運用を行ってみます．

展望フロアでの運用

展望フロアで運用するときの大前提は「周辺の一般客に迷惑をかけないこと」です．このため，設置できるアンテナの大きさや使用する設備に制限があります．このため，満足な運用ができるのは，144MHz以上となるでしょう．

使用するアンテナは，ハンディ機用のアンテナや短いモービル・ホイップが主になります．430MHz以上ならヘンテナも使えるでしょう．

無線機はハンディ機やFT-817などのコンパクト機．電源もできれば内蔵バッテリで済ませたいところです．もし外付けのバッテリを使うのであれば，10Ah程度の小型シールド・バッテリが限界でしょう．その際，バッテリが目立たないように配慮します．

展望フロアがあるビルを探してみると，意外と多いものです．展望フロアでなくても，屋上が解放されているビルでもいいでしょう．想像以上に楽しめるので，試す価値は十分にあります．

ハンディ機と付属ホイップ

最もお手軽な運用方法がハンディ機と付属ホイップを使った運用です．手始めにここからスタートしてみてはどうでしょうか．その際，ちょっとひと工夫です．ブックエンドを利用してハンディ機を固定させ，スピーカ・マイクやヘッドセットを使って運用します（**写真3-6-1**）．アンテナをハンディ機に直結するので，同軸ケーブルによるロスがないというメリットもあります．長めのホイップを付けておけば，十分実用的です．

このスタイルなら，50MHzでの運用も可能です．ただし，電波の飛びはあまり期待できませんが．

小型マグネット基台とホイップ・アンテナ

ハンディ機用小型マグネット基台にアンテナをセットします．SMAコネクタ付きなので，ハンディ機にベスト・マッチです．

マグネット基台を安定させるための金属製の板を用意しておけば，どこでもマグネット基台が使えます．100円ショップの台所用品コーナーにはステンレス製のトレイ（**写真3-6-2**）がいくつか並んでいます．これを利用しない手はありません

写真3-6-1　ハンディ機とスピーカ・マイクで最も基本的なスタイル

Chapter 03　移動運用でのアンテナ設置

写真3-6-2　マグネット基台のベースとなるステンレス・トレイ

ね．金属部分以外では簡単に倒れてしまう基台ですが，このトレイに貼り付けるだけで，安定度が上がり倒れることは皆無です（**写真3-6-3**）．

アンテナとハンディ機を少し離した位置に設置したいときはこの方法でいいでしょう．

小型三脚を使う

カメラ用の小型三脚とユニバーサル・クリップベース（**写真3-6-4**）を使ってアンテナを立てる方法もあります．雲台をクリップベースで挟めればそれに越したことはありませんが，雲台が厚くてはさめないなら，L型金具を¼インチの蝶ネジを使って三脚に固定し，金具にクリップベースを挟む方法もあります（**写真3-6-5**）．L型金具も蝶ネジもホームセンターや東急ハンズで手に入るので，入手は難しくありません．

大きなアンテナは立てられませんが，長さ50cm程度のハンディ機用アンテナなら十分取り付けられます（**写真3-6-6**）．

ウィンドウ・ガラス取り付け基台の利用

吸盤を利用して，窓ガラスに取り付けられる市販の基台があります（**写真3-6-7**）．窓ガラスだけ

写真3-6-3　ハンディ機用マグネット基台（第一電波工業　MCRⅡ）を利用したスタイル

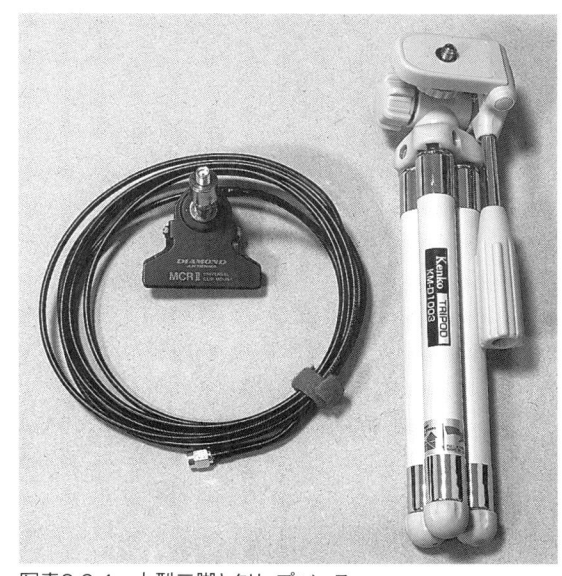

写真3-6-4　小型三脚とクリップベース

アマチュア無線用アンテナ　お手軽設置ノウハウ | 109

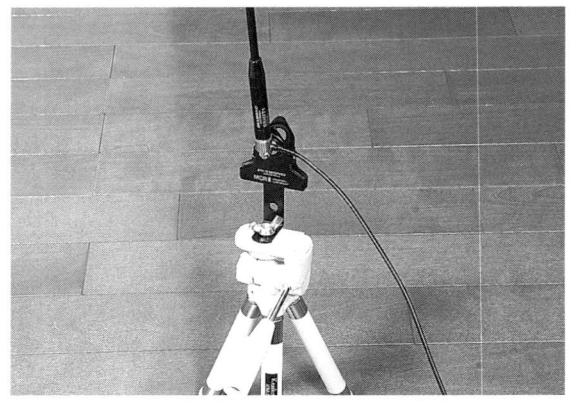

写真3-6-5　L字金具を利用してクリップ基台を装着

写真3-6-6　高層ビルの展望デッキでの運用

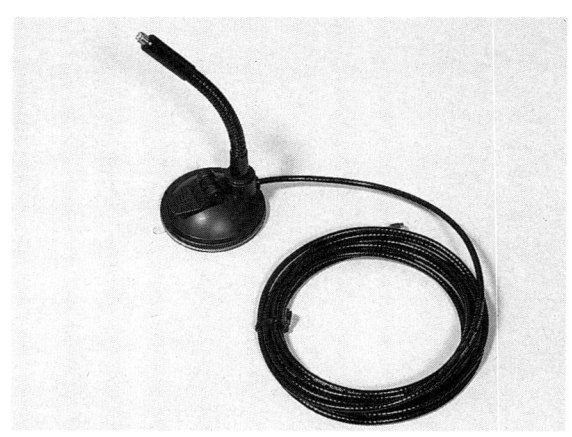

写真3-6-7　ウィンドウ・ガラス取り付け基台 コメット CSC-140J

写真3-6-8　水平の滑らかなテーブルに設置

写真3-6-9　窓ガラスに垂直に貼り付け

でなく，滑らかなテーブルの上なら，強固に基台を固定できます．

基台には，フレキシブル・アームが備えられているので，角度が付いた場所でもアンテナを自

110 | アマチュア無線用アンテナ お手軽設置ノウハウ

Chapter 03 移動運用でのアンテナ設置

写真3-6-10 吸盤取り外し用のつまみ

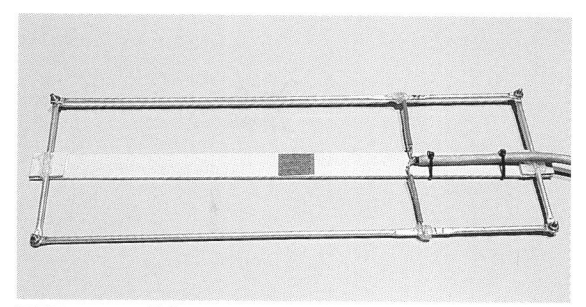

写真3-6-12 製作したヘンテナ

写真3-6-11 自作ヘンテナ

由な角度で取り付けられます．平面のテーブルの上(**写真3-6-8**)はもちろん，吸盤の力が強いので，垂直の窓ガラスにも取り付けが可能です(**写真3-6-9**)．長さ3mの同軸ケーブルが付いているので，設置場所の幅が広がるでしょう．

宿泊したホテルの部屋など，他者の迷惑にならない状況であれば，窓の高い位置にアンテナを取り付けてもいいでしょう．採用しているコネクタはSMAなので，ハンディ機とハンディ機用アンテナにベスト・マッチです．使用できるアンテナの重量は60gまで，モービル・アンテナの使用はで

きません．

取り外すときは，アームを持って無理やりはがさないように．固定する力があまりに強いので，基台が破損してしまいます．吸盤に付いているつまみ(**写真3-6-10**)を持って優しく取り外してください．

かばんの中にマグネット基台を入れたくないという方がいらっしゃいますが，そういう方にもこの基台はお勧めです．

430MHz用ヘンテナの製作と設置

少しゲインのあるアンテナを使いたくなったら，ヘンテナ(**写真3-6-11**)がベストです．430MHz用は小さいので，展望フロアで使っていてもあまり目立たないと思います．ヘンテナは市販されていないので自作するしかありませんが，とても簡単なので作ってみましょう．

● 430MHz用ヘンテナの製作

図3-6-1(p.112)に製作するヘンテナの構造図を，でき上がったヘンテナを**写真3-6-12**に示します．基本的にこのとおりに作れば動作するはずです．ヘンテナは，横長にセットすると垂直偏波になり，縦長にセットすると水平偏波になります．イメージと違うので戸惑いますが，430MHz用なら横長の垂直偏波で設置します．

アマチュア無線用アンテナ お手軽設置ノウハウ | 111

図3-6-1 ヘンテナの構造図

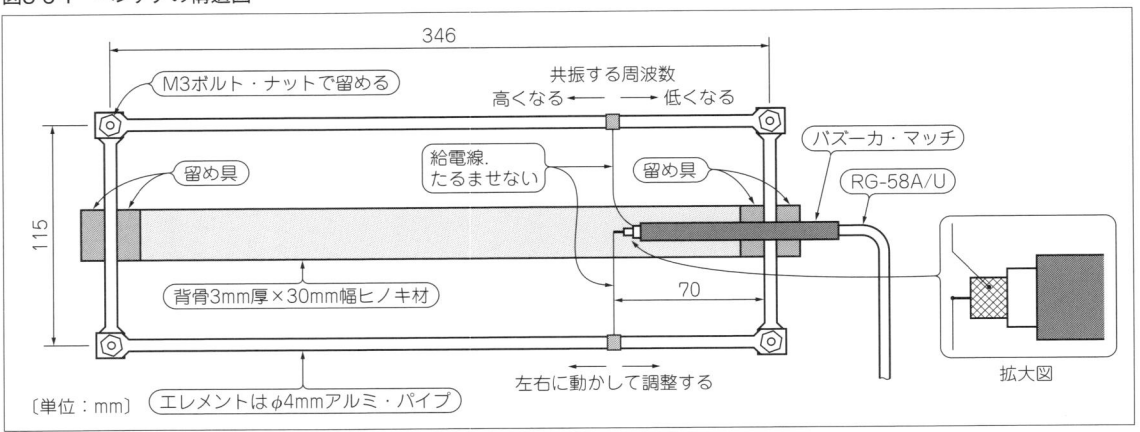

- M3ボルト・ナットで留める
- 346
- 共振する周波数 高くなる ← → 低くなる
- 留め具
- 給電線, たるませない
- 留め具
- バズーカ・マッチ
- RG-58A/U
- 115
- 背骨3mm厚×30mm幅ヒノキ材
- 70
- 〔単位：mm〕
- エレメントはφ4mmアルミ・パイプ
- 左右に動かして調整する
- 拡大図

図3-6-2 バズーカ・マッチ

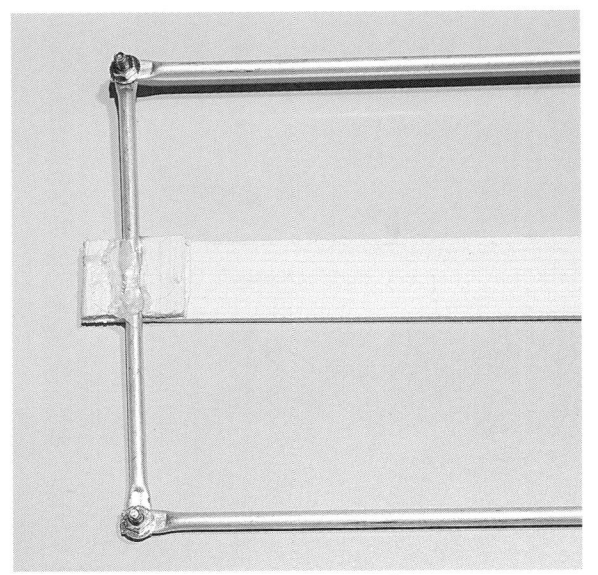

- 1/4λ
- 1cmほど被覆をはがす
- 同じ同軸ケーブルから編組線を取り出してかぶせる
- はんだ付け
- 同軸ケーブルの網線に触れないように
- 給電線をはんだ付け
- 熱収縮チューブで固めるかビニル・テープを巻く

写真3-6-14 エレメントをホット・ボンドで固定

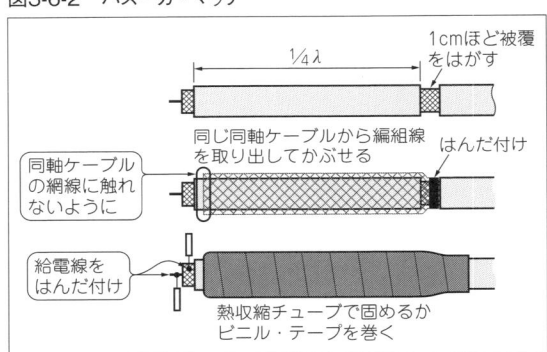

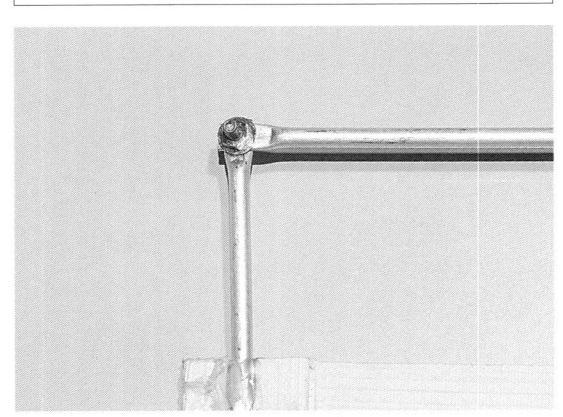

写真3-6-13 アンテナ・エレメントの角

　給電部は同軸ケーブルに直接給電線をはんだ付けしています．同軸ケーブルは，AV用ケーブルとして千石電商で販売されている「BNCケーブル（RG-58A/U 50Ω）3.0m」を利用しました．すでにBNCコネクタが取り付けられているので，便利です．同軸ケーブルは半分にカットして，バズーカ・マッチ(**図3-6-2**)を取り付ける加工をします．バズーカ・マッチに使う編組線は余った同軸ケーブルから波長の1/4λの長さ(433MHzであれば17.3cm)を切り出して使います．
　アンテナ・エレメントには，アルミ・パイプを

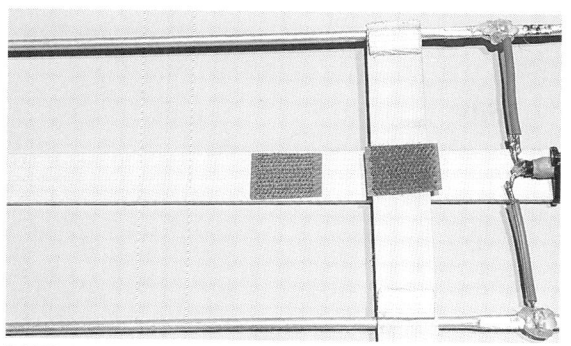

Chapter 03　移動運用でのアンテナ設置

写真3-6-15　ベルクロ・テープで作業を簡単に

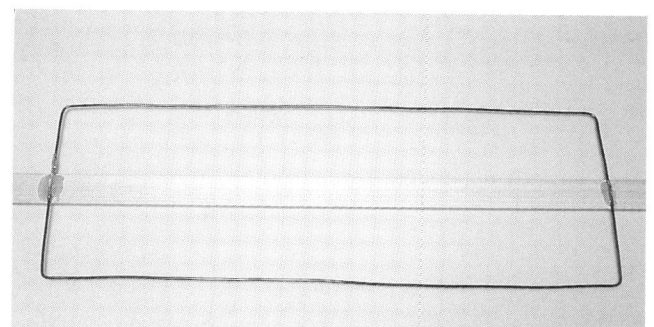

写真3-6-17　ポリエステル線に置き換えたエレメント

写真3-6-16　アンテナはブック・エンドに固定

使いました．寸法どおりにカットしたアルミ・パイプは，先端をバイスなどでつぶして穴をあけ(**写真3-6-13**)，ボルトとナットでつないで四角を作っています．真ん中に背骨となる板(厚さ3mm×幅30mm)をあて，ずれ止めの加工をしたうえで，ホット・ボンドで固定しています(**写真3-6-14**)．これでしっかりとしたエレメントになります．

● アンテナの固定

　マストには同じ板を使い，ずれ止めの加工を施します．マストと背骨との固定にはベルクロ・テープを使用し，作業の簡略化を図っています(**写真3-6-15**)．マストはガムテープで，ブックエンドに固定しました(**写真3-6-16**)．アンテナを回したいときはブックエンドごと回すしかありませんが，hi．

● エレメントのバリエーション

　エレメントの加工が大変であれば，太めのポリエステル線(ϕ1.2mm以上)を使って作ることもできます(**写真3-6-17**)．**図3-6-1**のサイズに従ってポリエステル線を切り出しますが，線が正確な長さにならず，多少の誤差があっても調整の幅が広いので問題ありません．これがヘンテナの面白い特長でもあります．エレメントは，多少の余裕を持たせ，接続部分が1cmほど重なるような長さにポリエステル線をカットしてはんだ付けすれば，エレメントは完成します．背骨とマストの加工は先ほどと同じように行えばいいのですが，自分なりの工夫をしてみるのもいいと思います．

● 調　整

　調整は給電点を左右に動かすだけです．高い周波数に合わせたいときは，**図3-6-1**で示している

アマチュア無線用アンテナ　お手軽設置ノウハウ | 113

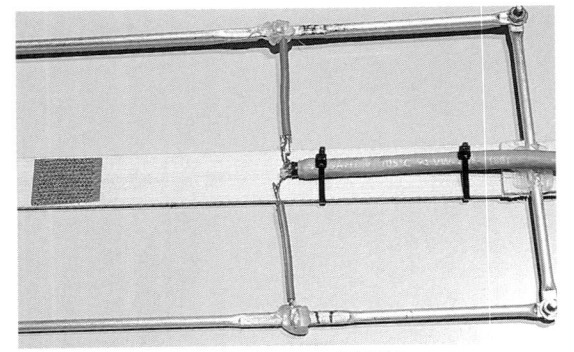

写真3-6-18 ホット・ボンドでエレメントを固定

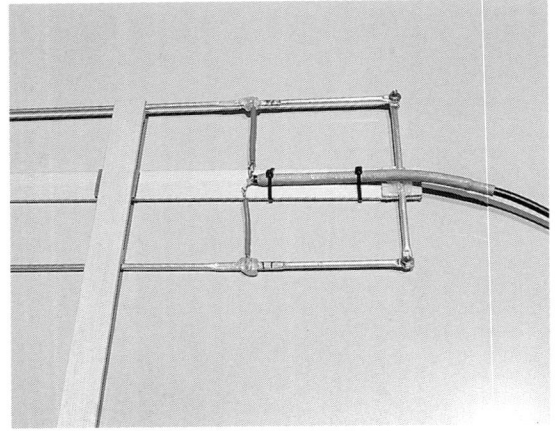

写真3-6-19 正しい同軸ケーブルの取り回し方

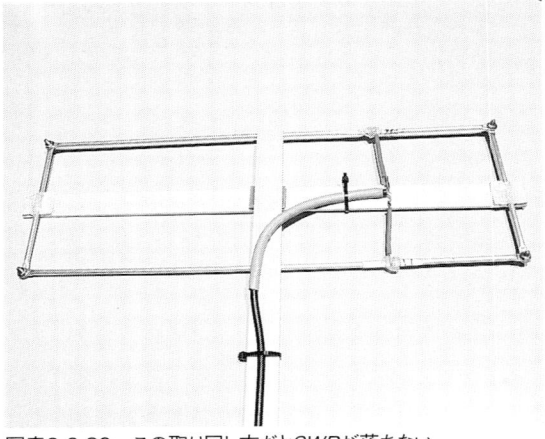

写真3-6-20 この取り回し方だとSWRが落ちない

給電線をたるませないことが肝心です．たるんでしまうと，SWRが下がりません．

ポリエステル線をエレメントに使う場合は，調整部分にあたるエレメントの被覆をあらかじめはがしておきます．

調整後は，給電線が動かないようにホット・ボンドでエレメントと固定しました（**写真3-6-18**）．ポリウレタン線を使う場合は，はんだ付けをすると確実です．同軸ケーブルは，動かないように結束バンドで背骨に軽く留めておきます．

● 注意点

気をつけたいのは，同軸ケーブルの取り回しを**写真3-6-19**のようにすることです．**写真3-6-20**のようにしたいところですが，これではうまくマッチングが取れません．

● 運用して

見晴らしの良い展望フロアにアンテナを持ち込んで，コンテストで運用してみました．ヘンテナは3エレは八木相当のゲインがあるとも言われますが，確かにホイップ・アンテナよりはよく飛んでいることが感じられます．指向性があるはずなのですが，どの方向の局とも交信できています．都心部なので，周りのビルによる反射が良い影響を与えているのかもしれません．

同軸ケーブル 10D-FBをマストに

同軸ケーブル10D-FB（長さ約50cm）をマストとして利用しています（**写真3-6-21**）．10D以上のFBケーブルやFSAケーブルは，ケーブル自体の剛性が高いので，軽量なアンテナであれば取り付けても自立したまま倒れません．

構造は極めて簡単．片側にMP型コネクタ，もう片側にMJ型コネクタを取り付けているだけで

ように左方向に動かします．低い周波数に合わせるときはその逆方向に動かします．調整する際は，

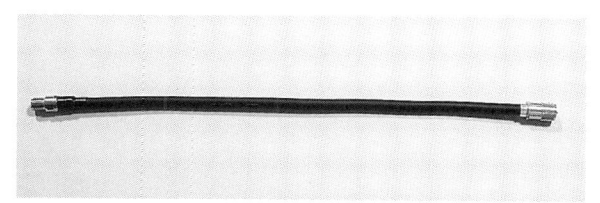

Chapter 03 移動運用でのアンテナ設置

写真3-6-21 10D-FBを利用したアンテナ・マスト 小型のホイップ・アンテナが取り付けられる

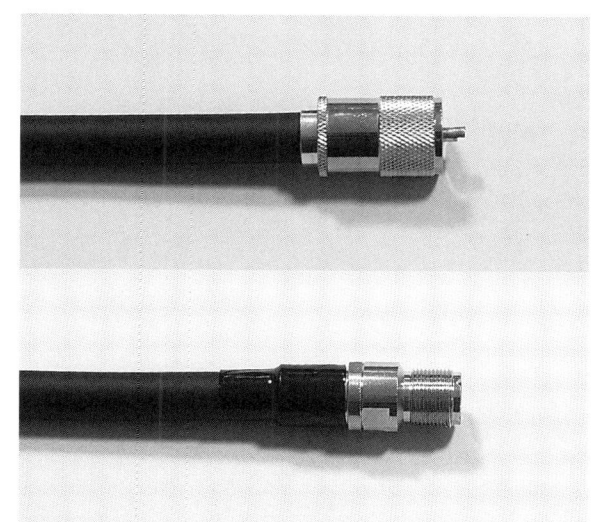

写真3-6-22 10D-FB用コネクタを用意

す(**写真3-6-22**).はんだ付け部分がむき出しになるので,熱収縮チューブでカバーしています.

　無線機のアンテナ端子に直付けしているので,ロスも最小限.MP-BNCJの変換コネクタを利用して,ハンディ機用のロング・タイプ・アンテナを問題なく支えられています(**写真3-6-23**).M型コネクタを使用するモービル・アンテナは100g以下で,できるだけ短く軽量のノンラジアル・アンテナを使ってください.

　基台やマストなどを持ち込む必要がないので,荷物を減らす方法として有効です.

ほかにもさまざまなアイデアで

　展望フロアでの移動運用で使えるアンテナをい

写真3-6-23 ハンディ機用のロング・タイプ・アンテナを装着

くつか紹介しました.ほかにも,オリジナルのアイデアでアンテナを設置してみてください.

　展望フロアで運用する際は,掲示されている注意を必ず守るようにしてください.そこに書かれていないことでも,一般常識的に照らし合わせてほかのお客さんに迷惑をかけないような配慮が必須です.この場所を訪れる人は,皆さん景色を楽しみにきています.まずは景色を楽しむ視点に立ってみて,じゃまにならない場所を選ぶように努めてください.

(CQ ham radio編集部)

アマチュア無線用アンテナ お手軽設置ノウハウ | 115

3-7 伸縮ポール用三脚を使ったアンテナ設置

伸縮ポール専用の三脚が市販されています．ここでは，伸縮ポールと専用三脚を使ってアンテナを立ててみます．

平らな地面に伸縮ポール用三脚を利用してアンテナを立てる

伸縮ポールと専用三脚を利用すると，公園の広場や河原，運動場などの平らな地面に，容易にアンテナの設置ができるようになり，アンテナ設置の幅が広がります．非常通信訓練のようなシーンでも，活躍できるでしょう．

● 使用するもの

第一電波工業製の伸縮ポール AM450（伸長4.5m）と専用三脚 AS600を使います．AS600には，AM450用とAM600（伸長6.0m）用の2種類のポール・アダプタが付属しているので，高さと太さの違う2種類の伸縮ポールが使えます．

ステー・ロープは，長さ5m程度の3mmのナイロン・ロープ3本をコード・スライダーと組み合わせて利用するといいでしょう．地面に打つペグは，3本用意しておきます（写真3-7-1）．

● 設置方法

設置方法は次のとおりです．

① 設置するポールの外径に合わせて，ポール・アダプタを三脚に取り付けておく．
② 伸縮ポールが垂直に立つよう，三脚を置く場所を選ぶ．
③ ペグを打つ位置を決める．足と同じ方向の延長線上へ，ステーを引き下ろす角度が30～45度くらいになるような位置にペグを打つ．ステー・リングの高さとペグまでを同じ距離にする

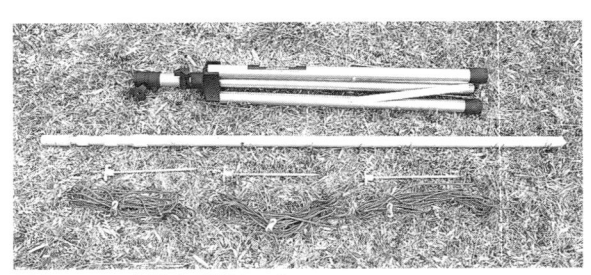

写真3-7-1　使用する機材一式

写真3-7-2　ステー・リングにロープを通してからもやい結びで留める

写真3-7-3　アンテナ取り付け前に伸縮ポールを伸ばしステーの長さを決めておく

Chapter 03 移動運用でのアンテナ設置

と角度45度でステー・ロープが張れる．
④ 伸縮ポールを三脚に差し込んで，上下2か所のハンド・スクリューを締める．
⑤ ステー・リングにステー・ロープを取り付ける．もやい結びを利用すると簡単で，しっかり留められる（**写真3-7-2**）．
⑥ 伸縮ポールを実際に使う高さまで伸ばし，コード・スライダーを利用してステー・ロープを仮に張っておく（**写真3-7-3**）．アンテナを取り付けて伸ばしたときに，ある程度ステーが効いているようにしておくため．
⑦ 伸縮ポールを一度縮め，アンテナを取り付ける（**写真3-7-4**）．
⑧ 伸縮ポールを伸ばしていく．伸ばし切った状態では，ある程度ステーが効いている．ステー・ロープをあらためてしっかりと張ったら設置終了（**写真3-7-5**）．

● 実際に使ってみて

しっかりとステーが効いていると，かなり頑丈な印象です．このポール用三脚は，垂直荷重は50kgまで（無風時）かけられるので，十分な強度があります．ただし，対応する伸縮ポールの垂直荷重は8kgまでなので，その点を注意しておきましょう．とは言え，お手軽な移動運用で使用するアンテナには十分なはずです．

多少の風にも耐えてくれていますから，安心してアンテナを立てたいときにはお勧めの設置方法です．
（CQ ham radio編集部）

写真3-7-4 伸縮ポールを縮めてアンテナを取り付ける

写真3-7-5 伸縮ポールを伸ばし，最終的にステー・ロープを調整すれば，アンテナの設置が完了

3-8 ステーを張るときに役立つテクニック

移動運用で，アンテナ・マストにステーを張るシーンがあります．ここで紹介する方法を参考にして，ステーを張ってみてください．

もやい結び

もやい結びは，ロープで輪を作るときの結び方です．強固な輪ができる割には，結びやすく解きやすいのが特長です．

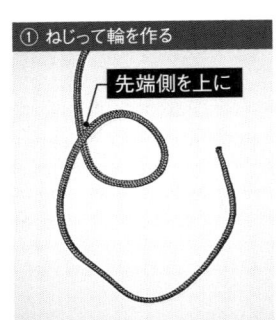

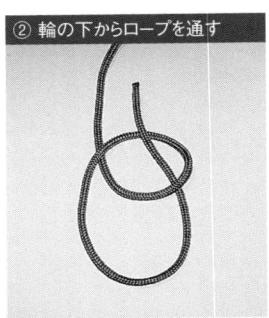

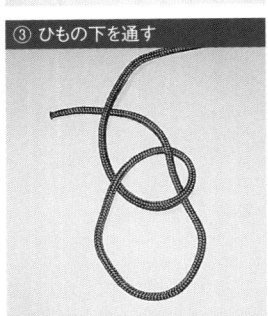

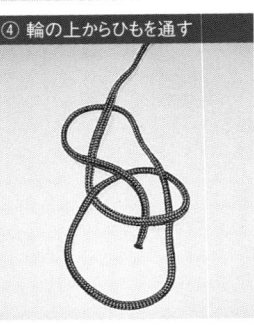

アマチュア無線では，ステーを張るときやがいしを接続するときにも使えます．利用するシーンは多いので，ぜひ覚えておきたい結び方です．

写真3-8-1で結び方を説明します．**写真3-8-2**はもやい結びの使用例です．

コード・スライダーの使い方

ロープの長さを自由に調節できる金具が「コード・スライダー」です．ホームセンターのアウトド

① ねじって輪を作る（先端側を上に）
② 輪の下からロープを通す
③ ひもの下を通す
④ 輪の上からひもを通す
⑤ ひもを締める（引っ張る／ここを一緒につまむ）
⑥ 締め上げると完成

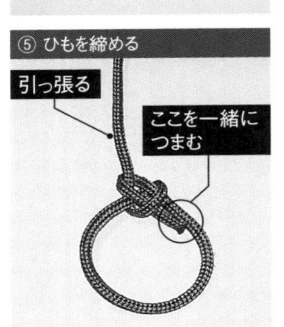

写真3-8-1　もやい結びの結び方

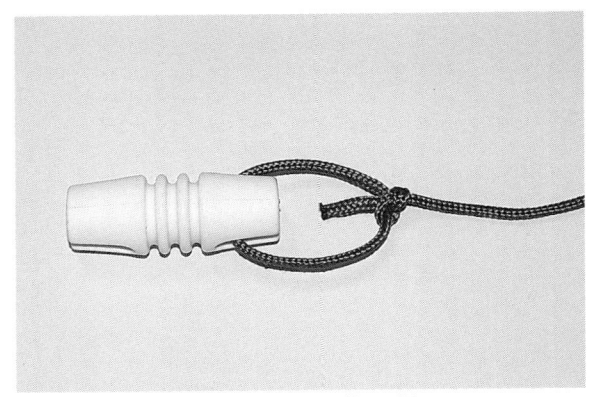

写真3-8-2　プラスチックがいしに取り付けた例

写真3-8-3　コード・スライダーへのひもの通し方
どちらの穴にも下側からひもを通す

Chapter 03 移動運用でのアンテナ設置

ア用品コーナーで手に入ります．アルミニウム製で3mm～5mmのロープが使用できます．ほかにもプラスチック製や三つ穴など，材質や形は数種類あります．

ステー・ロープを張るときにとても便利なので，ぜひ覚えておきたいテクニックの一つです．

コード・スライダーへのひもの通し方を，**写真3-8-3**に示します．末端側（コード・スライダーに止める側）は上から通してもかまいませんが，ステー・ロープを締め付ける力が弱くなるので，あまりお勧めしません（**写真3-8-4**）．

実際の使用時を，**写真3-8-5**と**写真3-8-6**に示します．コード・スライダーの調整は，**図3-8-1**のように行います．

コード・スライダーは，ワイヤ・アンテナのエレメントの張り具合を調整するときにも使えます．安価ですが役立つシーンは多いので，アクティブにアマチュア無線を楽しむハムなら，多目に持っておくと重宝するでしょう．

（CQ ham radio編集部）

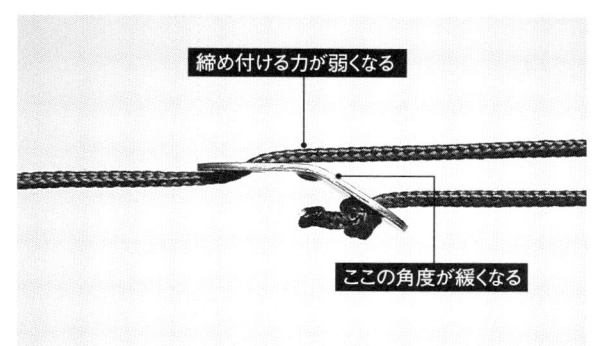

写真3-8-4　お勧めしないひもの通し方
末端側のひもをコード・スライダーの上から通すと，ひもを留める部分の角度が緩くなるので固定する力が弱くなる

写真3-8-5　ペグとの接続

写真3-8-6　コード・スライダーでロープを張った状態

図3-8-1　コード・スライダーの調整方法
コード・スライダーを緩めて長さを調整する（上）．手を離せば自然に締め付けられて固定される（下）

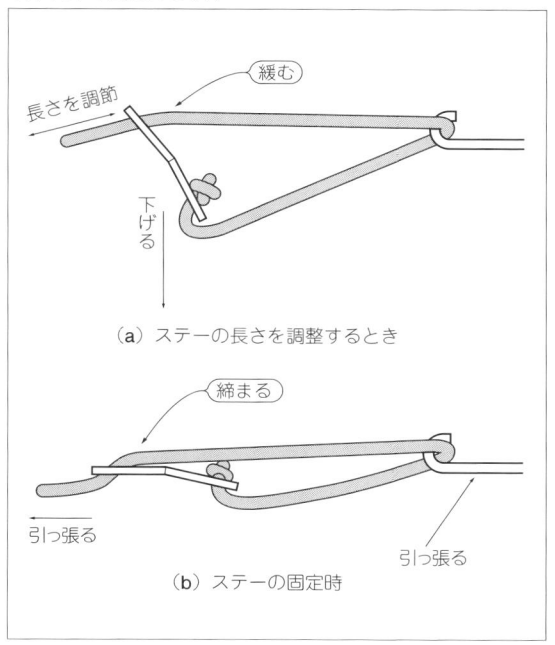

（a）ステーの長さを調整するとき

（b）ステーの固定時

アマチュア無線用アンテナ お手軽設置ノウハウ

Chapter 04

自動車に設置するお手軽アンテナ

　アマチュア無線を楽しむにあたって，自動車は有力なツールになります．移動手段はもちろん，シャックでもあり電源でもあります．そして，アンテナを設置するベースにもなります．ここでは，車体に傷も付けず，簡単にアンテナを取り付ける方法を紹介します．

4-1　V/UHF用アンテナのお手軽設置

　自動車で最も手軽にアマチュア無線を楽しむ方法が，V/UHFでの運用です．ここでは，特にお手軽なアンテナ取り付け方法をいくつか紹介します．

マグネット基台とノンラジアル・アンテナ

　簡単にモービル・ホイップを取り付ける代表は，マグネット基台の利用です（**写真4-1-1**）．グラウンドが不要のノンラジアル・アンテナを組み合わせると，難しいことは何もありません．一時的な方法として，アンテナを設置してみました．

● 用意するもの

マグネット基台…取り付けるアンテナの長さによって，使用するマグネット基台の大きさも変わりますが，全長が1m以内のモービル・ホイップであれば，コンパクト・タイプで対応できます．車内引き込み用の細い同軸ケーブルが付属している製品が使いやすいでしょう（**写真4-1-2**）．

アンテナ…ノンラジアル・タイプのアンテナを選びます．カタログで「ノンラジアル」という表記を確認するか，ハムショップでたずねてみてくださ

写真4-1-1　マグネット基台でモービル・ホイップを設置

Chapter 04　自動車に設置するお手軽アンテナ

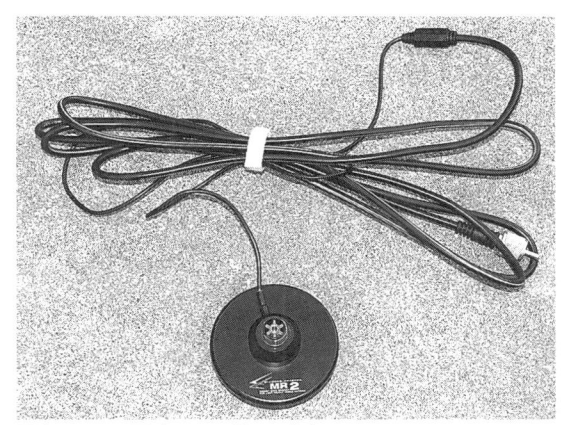

写真4-1-2　用意したマグネット基台
第一電波工業 コンパクト強力マグネットベース MR2A

写真4-1-4　高利得タイプのアンテナを設置
第一電波工業 SG7900（全長1.58m, 144MHz 5.0dBi/430MHz 7.6dBi）

写真4-1-3　ドアの隙間からケーブルを引き込む

い．全長1m以内のアンテナを使用できますが，60cm〜70cm程度のアンテナが人気です．ここでは第一電波工業のSG-M507を設置します．

● アンテナの取り付け

　車内引き込み用の細い同軸ケーブルが届く範囲にマグネット基台を置き，アンテナを取り付けます．同軸ケーブルの引き込みは，**写真4-1-3**のように行います．しかし，雨天時は雨水が侵入する恐れがあるのでご注意ください．

● アンテナを使ってみて

　設置したアンテナは，最も手軽で安心して使えるオーソドックスな製品です．必要に応じていつでも脱着できるので，気兼ねなく設置できます．

　マグネット基台を取り外す際は，アンテナを付けたまま，アンテナの根元を持って行います．ケーブル部分を持って力をかけると，断線などのトラブルの原因になります．

　走行しないことを条件に，長くて利得の高い，高

性能なアンテナを取り付けることも可能です(**写真4-1-4**)．見晴らしの良い場所でアンテナを付け替えて，より充実した運用を楽しんでください．

貼り付けアンテナの設置

車体に直接アンテナ基台をネジ止めしたくない人や，マグネット基台は目立つし業務車のように見えてカッコ悪いという人には，スタイリッシュなデザインで車体にも傷を付けない，貼り付けアンテナが向いています．

● **用意したアンテナ**

貼り付けアンテナの例として，第一電波工業の144/430MHz帯オール・イン・ワン貼り付けアンテナZ10Mを装着します(**写真4-1-5**)．ノンラジアル・タイプで全長86cm，重さは270g．エレメントの角度調整機能も装備しています．

● **アンテナの取り付け**

アンテナを取り付ける位置を決めます．基台部分を車体の端から少し余裕を持たせた位置に貼り付けます(**写真4-1-6**)．同軸ケーブルを曲げるために数cmの余裕が必要だからです．貼り付け位置は，多少傾斜している場所でも構いません．エレメントには角度調整機能があるので，垂直に保てます．

貼り付け位置が決まったら，汚れを落としてからアンテナを貼り付けます．貼り付けは，やり直しがきかないので慎重に．取り付けたアンテナを，**写真4-1-7**に示します．

同軸ケーブルは2D-LFB-Sが5m付属しています．車内引き込み用の極細のケーブルではないので，なるべく雨水が侵入しづらい位置を見つけて，車内に引き込みます(**写真4-1-8**)．

● **アンテナを使ってみて**

アンテナの*SWR*を測ると144MHz帯では全域で1.4以下，430MHzでは通常使用する帯域

写真4-1-5　第一電波工業　144/430MHz用貼り付けアンテナZ10

写真4-1-6　基台は車体の端から少し中央側にセットする

Chapter 04　自動車に設置するお手軽アンテナ

で1.3以下に収まりました．144MHzは1/2λ（2.15dBi），430MHzは5/8λ2段（5.5dBi）なので，一般的な使用には十分です．

アンテナが不要なときは，エレメント部分が外せるので，家族が運転するときや立体駐車場に駐車するときになどに重宝します．

> **ハンディ機用
> 小型マグネット・マウント・アンテナの活用**

ハンディ機用の小型マグネット・アンテナを簡易的に設置します．普段は車に無線を設置していないが，帰省時や旅行のときなど一時的に無線機を車に積みたいようなときに便利なアンテナです．

ここでは第一電波工業の144/430MHz帯マグネット・マウント・アンテナMR73Bを取り付けました（**写真4-1-9**）．全長0.5m，重量80gの

写真4-1-7　設置したアンテナ

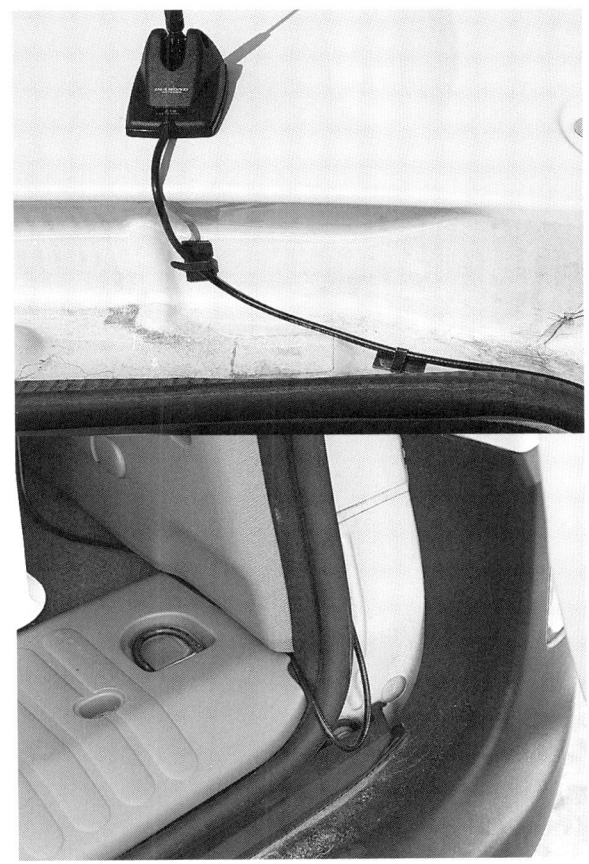

写真4-1-8　同軸ケーブルの引き込み方

写真4-1-9　第一電波工業　144/430MHz帯マグネット・マウント・アンテナ MR73B

アマチュア無線用アンテナ お手軽設置ノウハウ | 123

写真4-1-10　同軸ケーブルを車内に引き込む

写真4-1-11　ハンディ機と組み合わせて超簡易シャックの完成

コンパクト・アンテナで，同軸ケーブルは極細のRG174/U（ケーブル外径2.5mm）が3m接続されています．一時的な設置ならドアのパッキンに挟んでも大丈夫なので（写真4-1-10），車内のほとんどの場所に取り付けられるでしょう．アンテナを固定するマグネットはとても小さいですが，貼り付く力は意外と強力．通常走行は十分こなせます．ただし，耐入力は10Wなので，ハンディ機専用です．

車のカード・ケースにセットしたハンディ機と組み合わせると，超簡易モービル・シャックが完成です（写真4-1-11）．

● アンテナを使ってみて

アンテナのSWRを測ったところ，144MHzは全域で1.6くらい，430MHzは全域で1.2以下になりました．休日に山の上から運用してみましたが，ハンディ機との組み合わせにもかかわらず，意外に多くのコールがもらえました．ハンディ機と付属ホイップでの運用に比べたら，効率の良さを感じます．簡易設置とはいえ，十分楽しめるアンテナです．

モービル基台の取り付け

自動車にアンテナを常設するなら，モービル基台をネジ止めして取り付けます．設置する場所と使用するアンテナの大きさによって多種の基台が用意されているので，自動車に合わせて基台を選んでみてください．

● 用意するもの

この車では，リア・ドアにV/UHF用の小型アンテナを設置しました（写真4-1-12）．長さ1m以内のコンパクトなアンテナであれば，小さな基台で構いません．ここではコメットの144/430MHzノンラジアル・ホイップCHL-19（全長：68cm）

Chapter 04　自動車に設置するお手軽アンテナ

写真4-1-12　コンパクト・ハッチバック基台で取り付けたモービル・ホイップ
コメット CHL-19＋RS020B

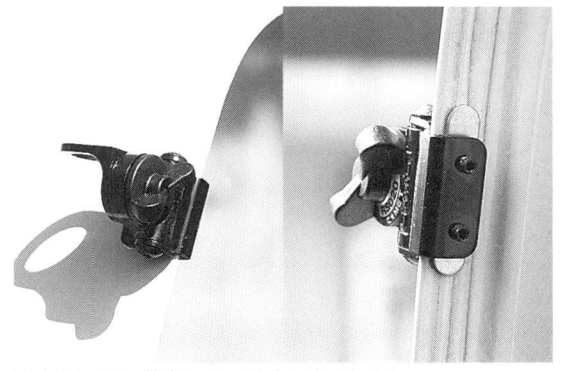

写真4-1-13　基台をドアの上部にネジ留めする
車体に傷をつけないように保護板を利用する

写真4-1-14　同軸ケーブルは必要な部分を留め具で固定する

● 基台とアンテナの取り付け

　基台は，アンテナが車体の影響を受けないよう，できるだけ上部に取り付けます（**写真4-1-13**）．
　車載ケーブルを基台に取り付け，引き込みケーブルは，ところどころ粘着テープ式の留め具で固定しておきます（**写真4-1-14**）．引き込みケーブルは，ドアの最下部から車内に引き込みました．

● 使ってみて

　*SWR*を測定したところ，144MHzも430MHzもバンド全域が*SWR*1.5以下で，問題ない数値でした．短いアンテナですが，広い帯域を持っていました．基台をしっかり取り付けているので，走行時には何の不安もありません．
　モービル基台を一つ付けておけば，走行中だけでなく，移動運用先でも重宝します．大き目のアンテナを取り付けたり，モービル基台に同軸ケーブルを接続して同軸ケーブルの引き込みに利用したり…．ハムの運転する自動車であればぜひ装着しておきたいですね．

（CQ ham radio編集部）

とコンパクト基台RS020を用意しました．
　車載用同軸ケーブルは，車内引き込み用の極細ケーブル付きがお勧めです．引き込む位置を事前に決めておき，引き込みケーブルの長さや全体の長さなど，条件の合う同軸ケーブルを選びます．

4-2　HF用モービル・ホイップのお手軽設置

　モービル・ホイップは簡素で短いアンテナですが，十分な性能が期待できます．モービル・ホイップとは言いますが，車に取り付けて走行中に使用するだけではありません．いろいろなシーンで活躍する立派なコンパクト・アンテナです．そんなモービル・ホイップをお手軽に使ってみます．

　ここでは，走行中の運用ではなく，移動運用のシーンでの活用方法を紹介します．

モービル・ホイップ+マグネット基台+マグネットアース・シートでHF帯にQRV

　全長2mほどのシングルバンド・モービル・ホイップを自動車に設置して，21MHzを運用してみます（**写真4-2-1**）．接地型アンテナでは必須であるグラウンドの確保も，できるだけ簡単に行います．

● 用意するもの

　アンテナ設置に使用するものは次のとおりです．

アンテナ…21MHz用センター・ローディング・モービル・アンテナ HF15CLを使います．長さ2.2mで，モービル・ホイップとしては最も長い部類に入ります．短いアンテナもありますが，走行中の使用ではないので，効率の良い長いアンテナを選びます．値段もあまり変わりませんから．

マグネット基台…長いモービル・ホイップを取り付けるので，固定力が強めのマグネット基台を選びます．用意したのはマグネット・ベースSPM-35です．しかし，取扱説明書を見ると，使用できるアンテナは1.5m以下とあります．停止状態での使用は問題ありませんが，アンテナを装着しての走行は控えます．走行を考えるなら，車体にネジ止めで固定するタイプの基台を選びます．

マグネットアース・シート…モービル基台使用時に，車体に貼り付けることで手軽にグラウンドが確保できる便利アイテムが，マグネットアース・シートMAT50です（**写真4-2-2**）．1枚で7MHzより高い周波数に対応します．3.5MHzの運用を行うときは，2枚用意します．全体がマグネットになっている柔軟なシートで，貼り付け面が多少湾曲していても，問題なくぴったり張り付きます．大きさは80mm×195mm（本体部）．小さなシートですが，十分にグラウンドを確保してくれま

写真4-2-1　HF用モービル・ホイップを自動車に取り付け

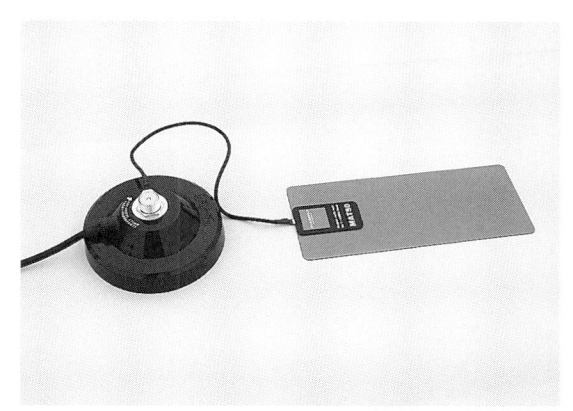

Chapter 04　自動車に設置するお手軽アンテナ

写真4-2-2　マグネットアース・シートMAT50とマグネット基台SPM-35

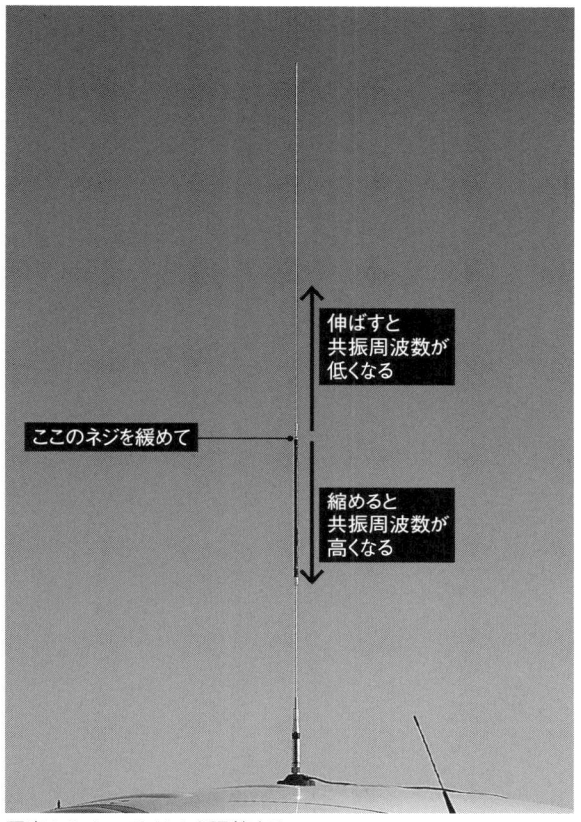

写真4-2-4　アンテナを調整する

写真4-2-3　自動車に取り付けたHF15CL

す．50MHzでの利用時は，基台との接続ケーブルを20cm以下に短くしないと，SWRが下がらない恐れがあります．

　以上のものを用意したら，自動車のルーフにアンテナを取り付けます．走行しないお手軽設置なので，同軸ケーブルは窓を少し開けて引き込みます．車にアンテナを取り付けた状態を**写真4-2-3**に示します．

● アンテナの調整

　アンテナを設置したら，調整が必要です．SWR計を使ってアンテナ調整を行います．SWR計の詳しい使い方は，本書p.132からの「初めて使うSWR計」をご覧ください．

　測定したSWRの値を見て，SWRの最も低い周波数（以下，共振点）が合わせたい周波数より低い周波数のときはアンテナを短くします．反対に高い周波数のときはアンテナを長くします（**写真**

アマチュア無線用アンテナ お手軽設置ノウハウ | 127

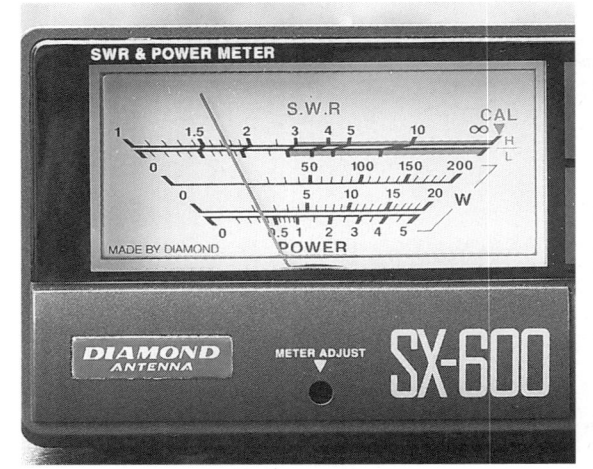

写真4-2-5　アンテナ調整前のSWR値

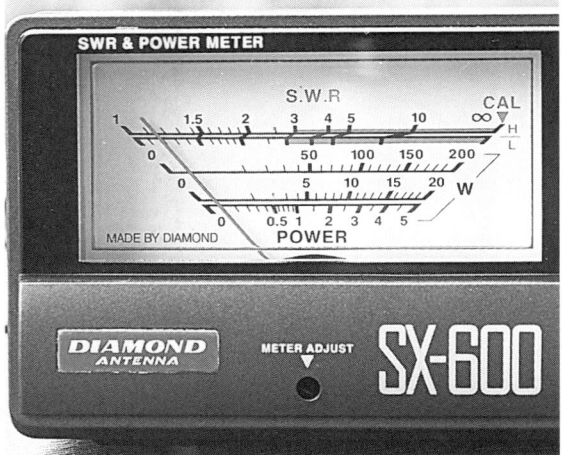

写真4-2-6　アンテナ調整後のSWR値

4-2-4).

　ここでは，21MHzのほぼ中心である21250kHzが共振点となるように調整してみます．

　メーカーからの出荷時は，エレメントが長めに作られているため，最初にアンテナを組み立てた状態では，共振点が低い周波数にあります．場合によっては，アマチュアバンド外だという事態もあり得ます．

　エレメントを最短にしてSWRを測定したところ，21250kHzでSWR1.8（**写真4-2-5**），周波数が下がるほどSWRは低くなっていました．共振点は低い周波数にあるので，エレメントを短くして共振点を21250kHzに合わせます．

　しかし，これ以上エレメントは短くならないので，金ノコでエレメントを切ります．取扱説明書によると長さを1cm変えると100kHz変化するとありますが，ひとまず2cm切断してSWRを確認します．まだSWRが高ければさらにカットして再度SWRを確認します．結局，最初の測定から6cm短くしたところ，21250kHzでSWR1.2になりました（**写真4-2-6**）．バンド全体では，SWRは2.0以下に収まっています．

　エレメントを切る長さは，アンテナの設置状況によって変わってきます．切り過ぎないように気をつけましょう．

　以上で調整は終了です．バンド内全体を低いSWR値でカバーしているため，周波数を移動しても再調整の必要はありません．

● **アンテナを使ってみる**

　21MHzはコンディションに左右されますが，多くの局の交信が聞こえるのではないかと思います．午前中ならアメリカの局も頻繁に聞こえるので，思い切って海外交信にチャレンジしてもいいと思います．このアンテナなら，アメリカまで余裕で電波が飛んでくれます．状況によってはダイポールにも引けを取りません．

　7MHz用のアンテナ(HF40CL)に付け替えれば，パイルアップになるほどコールを受けられるでしょう．このアンテナを移動運用のメイン・アンテナとして使っている人もいるくらいです．

　マグネット基台を使ったアンテナ設置なら，運用しないときは基台ごとアンテナをトランクに片

Chapter 04　自動車に設置するお手軽アンテナ

付けられるので「車の見栄えが悪くなる！」という家族からの不満はありません．簡単に設置と撤去ができるうえに効率も悪くない．休日のお手軽移動運用には，もってこいのアンテナです．

スクリュー・ドライバ・アンテナ SD330の設置と活用

スクリュー・ドライバ・アンテナとは，伸縮式コイルを採用して，連続した周波数に対応するアンテナです．1本で多くのバンドに対応でき，常にマッチングが取れた状態で運用できます．

コイルを伸縮させる方法には，手動式と電動式がありますが，ここでは，電動式を採用しているSD330を使ってアンテナを設置します（**写真4-2-7**）．

SD330は，3.5MHz～28MHzに対応し（オプション・エレメントの使用時は7MHz～50MHz），全長は約1.85m（3.5MHz）～約1.7m（28MHz），重さは1.1kg，耐入力は200W（SSB）です．必要な電源は，DC12V/100mAです．

● 用意するもの

アンテナの設置には，SD330のほかに三つのマグネットで固定する強力マグネット基台K3000（**写真4-2-8**），グラウンドの確保のためにMAT50を用意します．K3000は，車載用同軸ケーブルが別売りなので，必要な長さの同軸ケーブルも用意します．

● アンテナの取り付け

自動車のルーフに，マグネット基台とマグネットアース・シート，SD330を取り付けます（**写真4-2-9**）．

SD330にコア付きのコントロール・ケーブルを接続し，コントロール・スイッチも接続したあ

写真4-2-7　スクリュー・ドライバ・アンテナ SD330

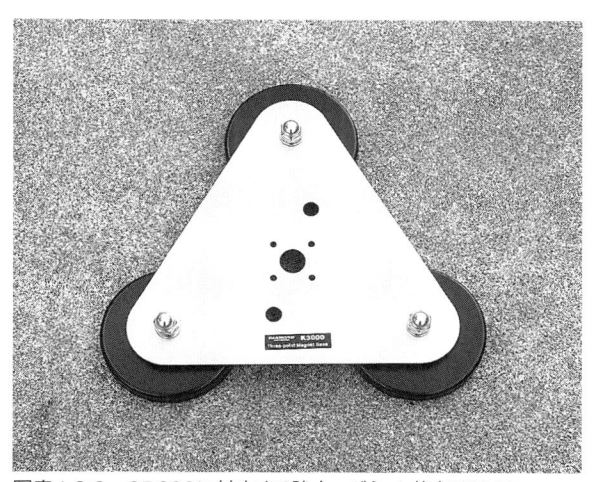

写真4-2-8　SD330に対応する強力マグネット基台K3000
この基台ならSD330を装着したまま走行可能

アマチュア無線用アンテナ お手軽設置ノウハウ | 129

写真4-2-9　SD330と基台をルーフに設置

写真4-2-10　コントロール・スイッチを使いやすい場所に貼り付ける

と，見やすい位置に貼り付けます（**写真4-2-10**）．モータ用の電源はシガー・プラグから取ります（**写真4-2-11**）．シガー・プラグを装備していない場合は，バッテリなどから別途電源を引く，または専用バッテリを準備します．

● コイルの伸縮について

　SD330は，コントローラのUPボタン（コイルを伸ばす）とDOWNボタン（コイルを縮める）でコイルを伸縮させます．コイルを3.5MHzから30MHzへの変更に要する時間は約50秒です（カタログ値）．しかし，実際の使用時には多少の誤差があります．

3.5MHzから7MHzへ変更するだけで，コイルは半分近く移動します．残りの半分の長さで7MHzから28MHzになります．

　ちなみに，アンテナには長さ表示が「0」までありますが，コイルを最短にしても「1」の付近までしか縮みません．

● 周波数の合わせ方

　運用する周波数に合わせるには，取扱説明書に書かれているグラフ（**図4-2-1**）を参考に，アンテナ本体に表示されている目盛りの位置にコイルの長さを合せるのが簡単です．また，同調点に近づいたら，ノイズが大きくなるので，これも判断材料になります．

　だいたいの位置に合わせたら，送信してSWR計を見ながらUP/DOWNスイッチで微調整を行います．その際，出力は10W以下にしておきます．無線機を保護するためです．

　*SWR*を最低点に合わせるには繊細なコントロ

Chapter 04　自動車に設置するお手軽アンテナ

写真4-2-11　シガー・プラグから電源を供給

図4-2-1　コイル位置の目安表
SD330取扱説明書より転載

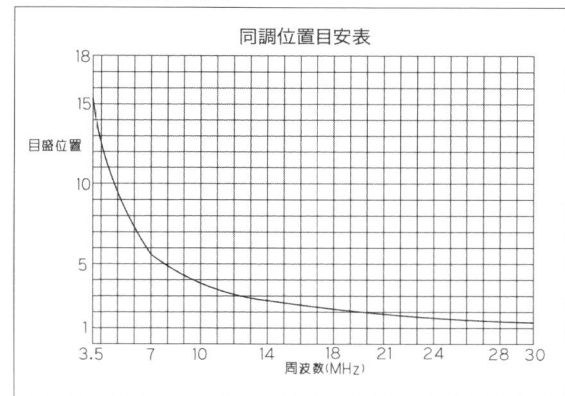

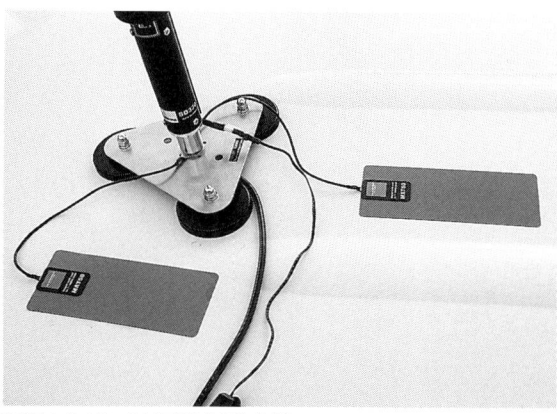

写真4-2-12　MAT50を2枚使用
3.5MHzでSWRが下がらないときに試してみる

ールが求められるので，SWRは追求せず，2.0以下を目標とします．さらに，アンテナ・チューナを併用すれば，バンド内で周波数を移動しても，アンテナ本体を再調整しなくて済みます．

3.5MHzではグラウンドの容量不足で，SWRが下がらないかもしれません．その場合は，MAT50を2枚にするなど（**写真4-2-12**），グラウンドの強化を試してみてください．

● アンテナを使ってみて

初めてSD330を使ったときは，希望の周波数に合わせるのに時間がかかりました．しかし，何度か行ううちに，コツをつかめると思います．

特にハイバンドでは，少しコイルを動かしただけでマッチングが大きくずれるので，SWRの最低点にぴったり合わせるのは大変です．SWR2.0以下になれば十分でしょう．SWR1.5以下なら損失は4％，SWR2.0以下でも11％なので，気にすることはありません．無線機にダメージを与えることもありませんから．

このアンテナを使って移動運用を行ったところ，7MHzでは多くの局と交信できています．ハイバンドでは短縮率が下がるので，さらに良い結果が得られると考えられます．

アワード向けサービスなど，短時間で多くのバンドで運用したい場合に向いている1本でしょう．

（CQ ham radio編集部）

本稿で使用するアンテナと機器にメーカー名の表示はありませんが，すべて第一電波工業製です．

Appendix

初めて使うSWR計

　ハムにとって，おそらくテスターの次におなじみの測定器がSWR計ではないでしょうか．でも，「SWR計ってなに？」「見たことあるけど使ったことはない！」という方も意外と多いはず．
　アンテナ動作チェックの必需品「SWR計」の使い方を確認しましょう．ずいぶん昔に使った覚えがあるけど，何だったか忘れてしまったカムバック・ハムのこっそり再入門(!?)歓迎です．

SWR計は何をするもの??

　SWR計と言うくらいですから，SWRを測定する測定器なのですが，そもそも「SWRとは何か？」「なぜ測定する必要があるのか？」から確認しておきましょう．

● SWRとは？

　SWRは「Voltage Standing Wave Ratio(日本語では電圧定在波比)」の略称です．簡単に説明すると，無線機から出た電波が，効率良くアンテナに受け渡されているかを判断する際に使う指標です．
　SWR値の最小値は1で，値が小さいほど無線機から送られる電波がアンテナに効率良く受け渡されることを意味します．逆に，SWR値が高いと無線機から送られた電波がアンテナの入り口にやってきたときに，アンテナ側では届いた電波の取りこぼしが発生して，アンテナに入れなかった電波は跳ね返されて無線機へ戻っていってしまい，さらに無線機でまた跳ね返されて，行ったり来たりすることなります(**図A-1**)．
　それでは，SWRはどれくらいの値が適切なのでしょうか．**表A-1**にSWRと効率の関係を示します．進行波は無線機かう出ていく電波，反射波はアンテナで跳ね返されて帰ってくる電波という意味です．一般にSWR≦1.5程度であれば，実用的な範囲と言われています．

● SWRを測ると何がわかるのか

　SWR値が大きくなるということは，無線機か

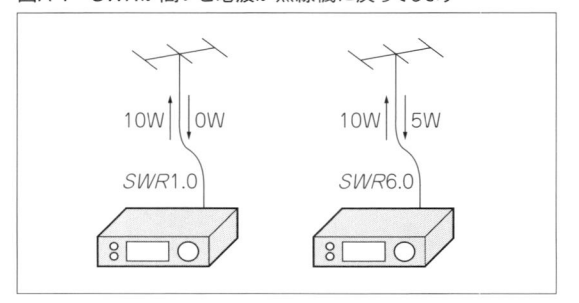

表A-1　SWRと効率の関係
無線機の出力100Wとした場合

SWR	進行波〔W〕	反射波〔W〕	効率〔%〕
1.0	100	0	100
1.5	100	4	94
2.0	100	10	90
3.0	100	25	75
6.0	100	50	50

図A-1　SWRが高いと電波が無線機に戻ってしまう

Appendix 初めて使うSWR計

ら出た電波を効率良くアンテナに受け渡しができていない，つまり何らかのトラブルが発生していることが疑われます．給電部に水が入っていたり，同軸ケーブルが踏み潰されて変形していたり….SWRの値を定期的に測定することで，いわばアンテナ系統の健康診断が行えるのです．その測定に使用するのがSWR計なのです．

SWR計の使い方

SWR計にはさまざまなスタイルが存在しますが，典型的なSWR計の使い方を見てみましょう．

● 基本的な使い方

本稿では，昔からあるトラディショナル・スタイルの通過型SWR計である，第一電波工業 SX-600（**写真A-1**）をモデルにして説明します．

では，測定手順を追っていきましょう．

① SWR計を接続する

SWR計は，無線機とアンテナの間に接続します．このとき，短い同軸ケーブルが必要なので，事前に準備します．無線機につながる同軸ケーブルを「TX」のコネクタに，アンテナにつながる同軸ケーブルを「ANT」のコネクタに接続します．

SWR計の挿入場所によって測定できる内容が変わってきます．**図A-2**(a)に示すように，「挿入場

図A-2 SWR計の挿入位置

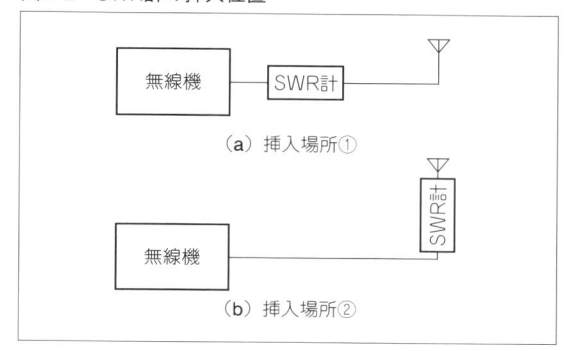

(a) 挿入場所①：無線機—SWR計—アンテナ
(b) 挿入場所②：無線機—SWR計（アンテナ直下）

所①」は無線機のすぐ近くです．アンテナと同軸ケーブルの二つの要素を含んだSWRを測定できます．「挿入場所②」ではアンテナ直下にSWR計を挿入して，アンテナ給電部のSWRを測定しています．

アンテナ系統全体に異常がないかを確認するには，確認のしやすい「挿入場所①」で測定して，何か異常が見つかったら，原因が同軸ケーブル側かアンテナ側かを切り分けるために，「挿入場所②」でアンテナ単体のSWRを確認します．

アンテナの自作をするときは，できればアンテナ直下の「挿入場所②」が望ましいでしょう．

なお，SX-600では，測定する周波数によって使用するセンサが変わります．背面パネルのスイッチをHF帯～160MHzは「SENSOR 1」，140

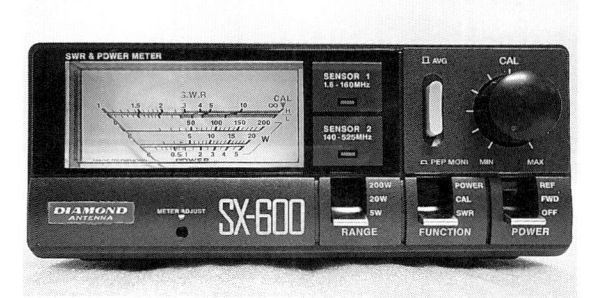

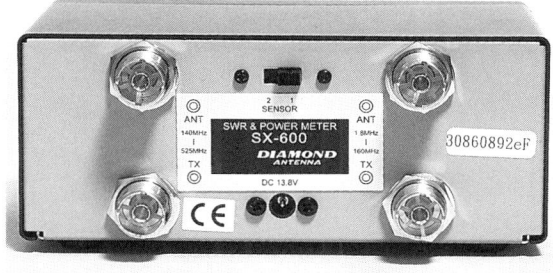

写真A-1 1.8～525MHz対応SWR計 SX-600（第一電波工業製）

写真A-2 SX-600の背面部

写真A-3　CWモードで送信し，メータのCAL目盛りに合わせる

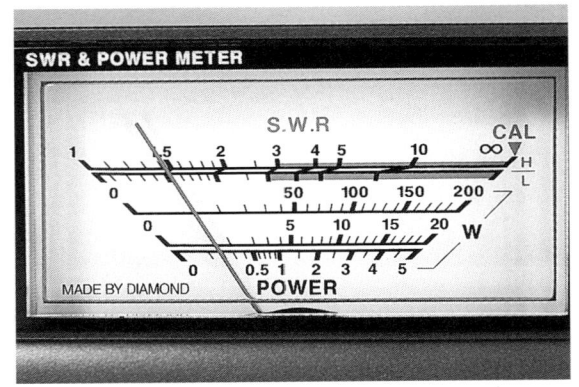

写真A-4　SWR1.5を表示

~525MHzは「SENSOR 2」に切り替えます(**写真A-2**)．接続するコネクタも，周波数によってそれぞれ違うので注意しましょう．

② SWR計をセットする

接続が終わったらSWR計の設定を行います．

1. 背面の切り替えスイッチを，使用するセンサに合わせる．
2. SWR計の「Range」スイッチで出力レンジを設定する．無線機から1Wで送信するなら5Wレンジ，10Wで送信するなら20Wレンジのように，測定に使用する出力を超えない範囲で近いレンジを選ぶ．
3. 「Function」スイッチで「CAL」を選ぶ．
4. 「CAL」つまみは「MIN」に回し切っておく．

③ キャリブレーション

1. CW/RTTY/FMなどの振幅が一定のモードで電波を発射する．
2. 電波を出したままの状態で，メータの針が右端の「CAL」目盛りにぴったり合うように，「CAL」つまみを回して調整する(**写真A-3**)．

④ SWR測定

キャリブレーションが終わったら，電波を出したまま，「Function」スイッチを「SWR」に切り替えます．このときのメータの指示値がSWR値です．メータの目盛りは測定レンジによって違い，5Wレンジを使用したときは下段の「L」表示の目盛りを，20/200Wのときは上段の「H」表示の目盛りを読みます(**写真A-4**)．

● 測定の仕組み

SX-600でのSWR測定の仕組みは，SWR計で検知する進行波のレベルを「CAL」つまみで一定に合わせて，その比率での反射波のレベルをメータで振らせています．メータの目盛りは反射波の値に該当する*SWR*の値が書かれています．

● 送信電力(パワー)も測れる

測定の仕組みで説明したように，このタイプのSWR計は無線機からアンテナに向かう進行波と，アンテナから無線機に戻ってくる反射波のそれぞれの電力を測定して，その比率から*SWR*を求めています．したがって，無線機の送信電力だけの測定もできるのです．ダミーロードをSWR計のアンテナ側の端子につなぐと，終端型電力計に早変わりです．

① 「Function」スイッチを「POWER」にする．
② 「POWER」スイッチは，進行波の測定なら「FWD」に，反射波の測定なら「REF」に合わせる．

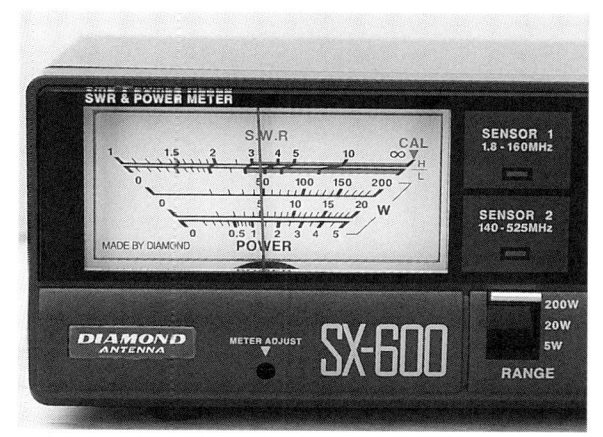

Appendix 初めて使うSWR計

写真A-5 送信出力(50MHz 50W)を測定中

③「Range」スイッチは，送信出力を超えない近い値のレンジを選ぶ．

④ この状態で送信したときのメータの指示値が，送信電力(**写真A-5**)．反射波を測定する場合，SWRが低いと戻ってくる電力が小さ過ぎてメータの針が振らないこともある．そのときは，測定レンジを一つ下げると読みやすくなる．

実際のアンテナを測ってみる

では，一般的なアンテナのSWR特性をいくつか見てイメージをつかみましょう．例として，市販の144/430MHz帯用モービル・アンテナと7MHz用短縮型ダイポールのSWRを測定します．

● 144/4 30MHz帯用モービル・アンテナ

マグネット基台に，144/430MHz帯用ノンラジアル・モービル・アンテナを取り付けて，SWRを測定します(**写真A-6**)．

まずは144MHz帯の特性です．バンド内を約100kHz間隔で21ポイント測定してみました[**図A-3**(a)]．145.00MHz付近がSWR値の底となり，上下のバンドエッジに向かうにつれてSWR値が上昇する放物線を描いています．アンテナの

写真A-6 測定する144/430MHz用モービル・アンテナ

図A-3 市販144/430MHz用モービル・アンテナのSWR実測値

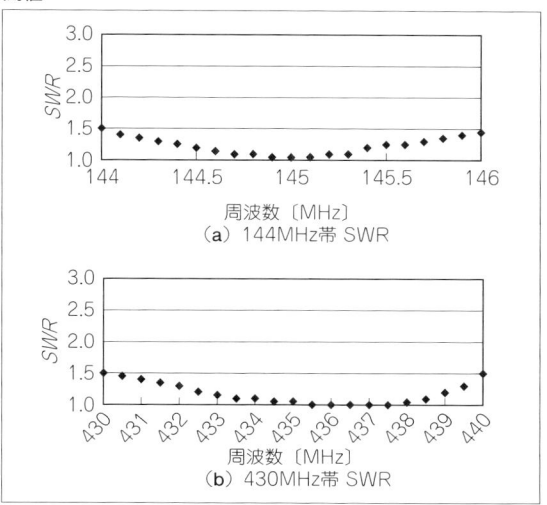

(a) 144MHz帯 SWR

(b) 430MHz帯 SWR

取扱説明書にあるSWR特性カーブとも似ています．

次に430MHz帯です．バンド幅が広いため，500kHz間隔で21ポイント測定してみました[**図**

アマチュア無線用アンテナ お手軽設置ノウハウ | 135

図A-4　7MHz短縮ダイポールのSWR実測値

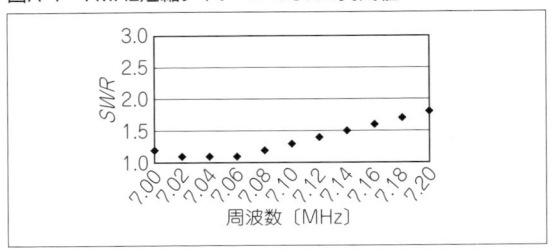

図A-5　SWR特性カーブのイメージ

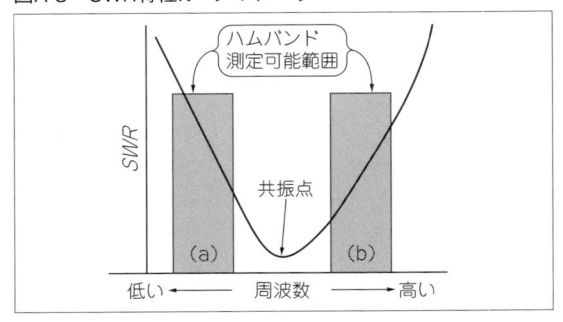

図A-6　ダイポールの仕組み

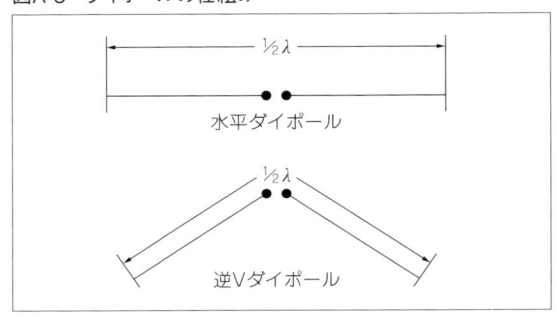

A-3(b)］．SWRの最小値が436.50MHz付近にありそうです．

　アンテナが周囲の影響を少々受けているのか，取扱説明書に記載しているSWR特性カーブより周波数が高めにシフトしています．でもアマチュアバンド内はSWR≦1.5なので，そのまま使用しても問題ない特性です．

● 7MHz用短縮型ダイポール

　7MHz帯の短縮型ダイポールのSWRを測定してみました（図A-4）．7MHz帯を20kHz間隔で11ポイント測定してみると，7.040MHz付近でSWRが最低となり，両バンドエッジに向かってSWRが上昇しています．

　7.140MHzから上の周波数は，SWR値が1.5以上と，若干離調気味です．そのままでも使えますが，アンテナ・チューナを併用したほうがリグにかかる負担を軽減できるでしょう．

アンテナを調整してみる

　ここでは，自作アンテナやモービル・アンテナを，SWR計を使って調整してみます．

　SWR計は電波を発射してSWRを測定するため，アマチュアバンド内しか測定ができません．しかし，自作アンテナの場合，最初の調整段階でアンテナの共振点（SWRの最小点）がアマチュアバンドから大きくずれていることがよくあります．

　基本的にダイポールなど共振型アンテナのSWR特性カーブは，放物線的な形になるのが一般的です（**図A-5**）．SWRの最低値が，アマチュアバンドの高い側のバンドエッジよりもさらに高いところにあれば，SWR特性カーブは**図A-5(a)**に示すような右肩下がりになります．その逆で，SWRの最低値が，低い側のバンドエッジよりもさらに低いところにあれば，SWR特性カーブは**図A-5(b)**に示すような右肩上がりになります．

　これをイメージしながら，SWRの最低値が高い周波数にあればエレメントを長く，低い周波数にあればエレメントを短くするといった判断をしてみてください．

　SWR計での測定は，例えるなら部屋の窓から見える一部の景色で，外のようすを推測するようなもの．アマチュアバンドの範囲で測定して，得られたデータから全体像を推測する必要があります．

Appendix 初めて使うSWR計

SWR特性の予測ができるようになるのは、ある程度の経験が必要です。

● **50MHz用逆V型ダイポールを作って調整する**

シンプルな50MHz用の逆V型ダイポール(**写真A-7**)を作って、SWR計を使ったアンテナ調整の実例を見ていきましょう。

ダイポールは、**図A-6**に示すように、使用する周波数の波長(λ)の半分の長さのエレメントを直線状に張り、真ん中に給電する形のアンテナです。逆V型ダイポールは、Vの字を逆さまにしたような形のダイポールの変形で、設置スペースを小さくできるのと、給電点インピーダンスを50Ωに近付けられるメリットがあります。

ダイポールの片側エレメントの長さは1/4λとなり、波長[m]は、300÷周波数[MHz]で求められます。

しかし、ダイポールのエレメント長は単純に1/4λの長さというわけにはいきません。ちょっと難しくなるので、詳しい説明は割愛しますが、若干エレメントを短くする必要があります。この短くする度合いを短縮率と呼び、1/4λの長さに短縮率を掛けたものが、求める片側のエレメント長となります。

短縮率は使用する導体の種類によって若干異なります。銅線を使用する場合は、おおよそ0.98～0.94の範囲が目安です。ここでは、より線のACコードをエレメントに使うため、短縮率は0.95で計算することとします。

では共振点を50.100MHzとして設計してみましょう。計算すると、

$$片側エレメント長 = \frac{300}{50.1 \text{(MHz)}} \div 4 \times 0.95 \text{(短縮率)}$$
$$\fallingdotseq 1.42 \text{(m)}$$

となりました。

切り出したエレメントをバランに取り付けて、SWRを測定してみます。50MHz帯のアマチュアバンドを約500kHz間隔で9点測定し、測定値をグラフにプロットしてみると、右肩上がりのグラフです[**図A-7(a)**]。アマチュアバンドよりも周波数の低い側に、アンテナの共振周波数(SWRの

写真A-7　50MHz用逆V型ダイポール

図A-7　50MHz用逆V型ダイポールのSWR実測値

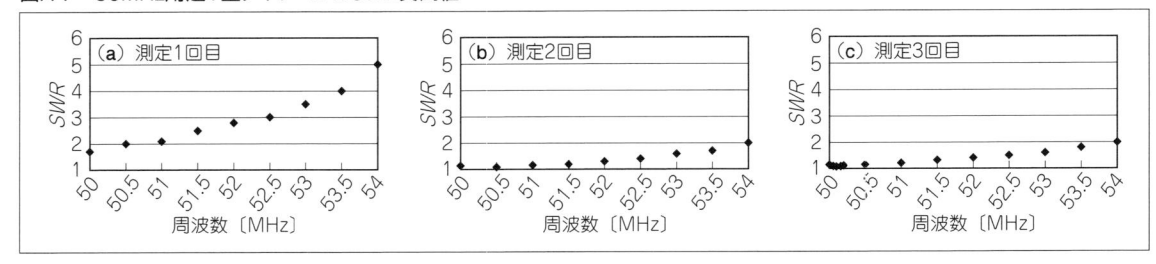

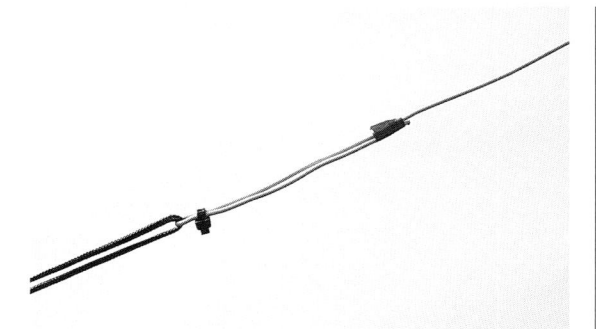

(a) 測定1回目
(b) 測定2回目
(c) 測定3回目

写真A-8　エレメントを折り返して長さを調整

最低値)があるらしいと推測がつきます．どうやら計算に使用した短縮率の値が大きかったようです．

共振周波数が目的の周波数より低いときは，エレメントを短くして調整します．このときエレメントを切ってもいいのですが，先端を折り返すことでも電気的なエレメント長を短くできるので，今回はこの方法で共振周波数を調整していきます（**写真A-8**）．ただし，エレメントを切る長さよりも長めに折り返す必要があります．

まだ，共振点の周波数がわかりませんから，勘で左右のエレメントを10cmずつ折り返して測定してみました．今度はアマチュアバンドに共振点が入ってきました［**図A-7(b)**］．粗い測定では50.500MHz付近でSWRが一番低くなっていたので，もう少し細かく測定したところ50.490MHz付近でSWR値が最低となっていました．

測定結果より短縮率を求め直します．計算式は先ほどと同じです．

$$1.32 [m] = \frac{300}{50.49 [MHz]} \div 4 \times 短縮率$$

$$\therefore 短縮率 = 0.89$$

ずいぶん短縮率が大きいように思えますが，先ほど説明したようにエレメントを折り返す方法では，長めに折り返す必要があることを表わしています．

短縮率が求まったので再計算してみます．片側のエレメント長は，1.33mになりました．エレメントを左右1cmずつ戻して，SWR値を再測定します．

これで*SWR*の最低値は1.05，共振周波数もほぼ50.100MHzに調整できました［**図A-7(c)**］．

アンテナは，設置する高さや周囲の構造物の影響を受け，設計した周波数と実際の整合周波数にはズレが生じやすいものです．アンテナ・エレメントは長めに用意しておき，徐々にエレメントを切り詰めていくか，今回のように先端を折り返して，調整していくのがよいでしょう．

*SWR*の測定ポイントは，おおよその傾向をつかむためであれば，サンプリング間隔は大きくてもよく，そのあとに20kHz程度の狭いサンプリング間隔で測定していくと，*SWR*の最低値を見つ

Appendix 初めて使うSWR計

けやすいでしょう．

● **144MHz用ヘンテナの製作と調整**

ヘンテナは日本生まれのアンテナで，**図A-8**に示すように，長方形型のループを給電部エレメントで大小二つの長方形に区切るスタイルを基本とします．外枠となる長方形の長辺は長さ$1/2\lambda$，短辺は$1/6\lambda$で，長辺のおよそ$1/4$付近の位置より給電します．

横長の長方形に設置しているのに偏波面は垂直となります．直感的に「あれっ，水平偏波にならないの？」と思ってしまいますが，この不思議な動作も名前のゆえんです．作りやすい簡単な構造で比較的利得も期待できることから，根強いファンも多いアンテナです．

ヘンテナのメリットは，なんといっても調整が簡単なこと．ある程度ラフな寸法で組み立てても，調整の幅が広いため，簡単に目的の周波数に調整できます．

調整は，給電部エレメントをスライドさせることで行います．小さい長方形側へスライドさせると，共振周波数は低くなり，大きい長方形側にスライドさせると高くなります．

ここでは，145MHzで共振するように作ってみました．長辺の長さを1m，短辺の長さを34cm，給電点は短辺から20cmの位置です．

図A-8 ヘンテナ（垂直偏波）の仕組み

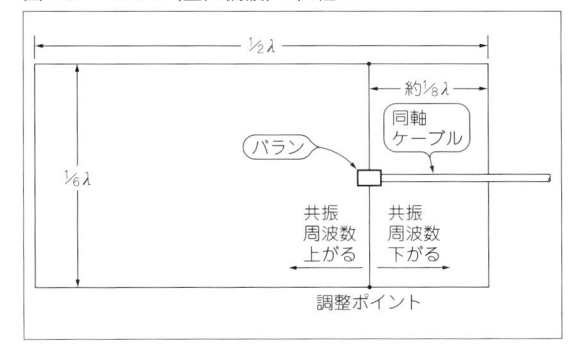

では，SWRを測定してみましょう．SWR値が最低となるポイントを見逃さないように，バンド内を約100kHz間隔で21ポイント測定してみました［**図A-9(a)**］．周波数が高くなるほどSWRが低下する傾向を示し，高い側のバンドエッジで最低値を示しています．

SWRの最低値がどこにあるのかはこの測定だけではわかりませんが，アンテナの共振点が高い周波数にあるのは間違いありません．共振周波数が下がるように給電点のエレメントを1cm小さい長方形側に寄せて，2回目の測定を行いました［**図A-9(b)**］．

今度はほぼ目論見どおりSWRの最低周波数は144.90MHzで，SWRの最低値も1.25です．バンド内全体がSWR≦1.6に収まっているので，CWからFMまでQRVできてFBです．

図A-9 144MHz用ヘンテナのSWR実測値

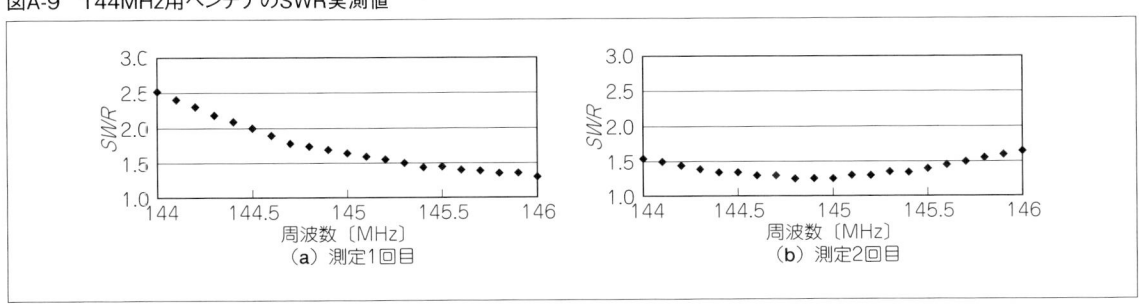

(a) 測定1回目

(b) 測定2回目

アマチュア無線用アンテナ お手軽設置ノウハウ | 139

写真A-9　21MHz用モービル・アンテナにマグネットアース・シートを組み合わせる

● HF帯モービル・アンテナの調整

　HF帯モービル・アンテナは，メーカー製品といえども設置時には調整が必要です．設置，調整の際につまずきやすい要注意ポイントは，
① アンテナ基台の車体への接地不良．
② 狭い低SWR帯域幅のため調整時に共振点を見逃しやすい．
の2点が挙げられます．これらに気をつけながら，アンテナの性能を十分に発揮できるよう，しっかりと調整したいものです．

　使用したのは，21MHz用のベースローディング・モービル・アンテナです．車のルーフにマグネット基台で仮固定した条件のもと，調整を行うことにします．

　ただ，マグネット基台にそのままHFモービル・アンテナを取り付けても，良好なRFグラウンドが得られないので，アンテナが設計どおりに機能してくれません．この問題を解決するために，第一電波工業製のマグネットアース・シート MAT50を使用します（**写真A-9**）．

　今回は国内SSB QSO中心にCWでも使用できるように，21.150MHzにアンテナの共振点を調整することとします．説明書によれば，*SWR*の低い帯域は約200kHz程度期待できそうです．

　セットしたアンテナのSWR最低値の位置を見逃さないようにバンド内を30kHz間隔で測定してみました[**図A-10(a)**]．下側のバンドエッジが一番低いSWR値を示し，周波数が高くなるにつれだんだんと*SWR*が上昇しているので，どうも共振点は21MHz帯のハムバンドよりも下側にありそうです．

　つまり，エレメントが長すぎる状態だとわかりました．そこで，中間部にあるネジを緩めてエレメントを縮めることにします．

　取扱説明書によると，エレメントを1cm変化させると約80kHzシフトします．しかし，共振点の周波数はハムバンド外にあるため，どれくらい短くすれば希望の周波数に合わせられるかが計算ではわかりません．とりあえず2cmアンテナ・エレメントを短くして，再測定しました．

　2回目のSWR測定結果を見ると，21.100MHz付近に共振点が移動してきました[**図A-10(b)**]．あと40～50kHz高くしたいので，さらに0.5cm短くして3度目の測定を行いました．

　今度は，狙っていた21.150MHz付近にアンテナの共振点を調整できました[**図A-10(c)**]．

Appendix 初めて使うSWR計

図A-10 21MHz用モービル・アンテナのSWR実測値

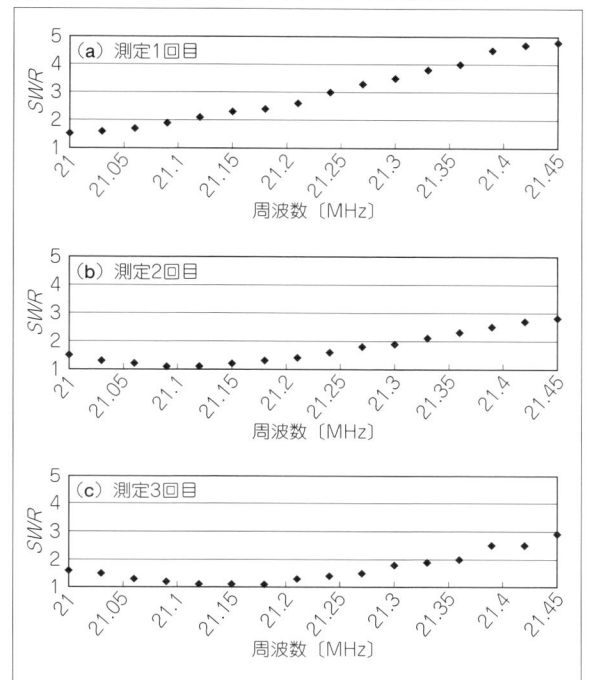

(a) 測定1回目

(b) 測定2回目

(c) 測定3回目

図A-11 マグネットアース・シートを取り外してSWRを測定

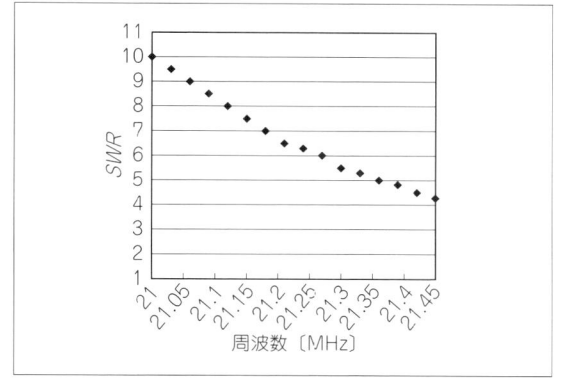

SWR≦1.5以下の帯域幅も240kHz確保できており，問題なさそうです．調整作業はこれで完了です．

さて，HF帯モービル・アンテナのセットアップ時のつまずきポイントとして，アンテナ基台接地不良を挙げましたが，接地不良が発生するとどうなるか実験してみましょう．調整が終わった状態から，使用しているマグネットアース・シートを取り外します．

結果は**図A-11**のように，アンテナの共振点は大きくずれてしまい，とても使えるものではありません．HFモービル・アンテナでの接地がいかに大切かをご理解いただけたかと思います．

HFモービル・アンテナには，マルチバンド・タイプも市販されています．1本のエレメントに複数のコイルがあるタイプは，高い周波数のハムバンドから調整を行うのが基本です．一方，ハムバンドごとに短縮コイルを持ち，アンテナ・エレメントが枝分かれするスタイルのアンテナもあります．こちらについては，どのハムバンドから調整を行ってもよいでしょう．

シャックに1台備えておきましょう

SX-600を例に，SWR計の具体的な操作方法，測定方法をご紹介しました．SWRはアンテナの正常性を確認するのに適した指標の一つです．SWR計があれば簡単に測定できるので，アンテナのメインテナンスに活用することをお勧めします．

また，共振型アンテナには，典型的なSWR特性カーブの形があることを紹介しました．アンテナの自作の場面では，この形をイメージしながら，測定したSWR値をグラフ化すると，アンテナの共振点が見つけやすく，調整の方向性について判断がしやすくなります．

SWR計は，比較的安価に購入できる測定器です．シャックに1台あると何かと役に立って便利なので，1台備えておくといいですね．

（JJ2NYT　中西　剛　なかにし・つよし）

Index

■ **数字・アルファベット** ■

- 1.8MHz用ダイポール ……………………………… 31
- 10D-FB …………………………………………… 114
- 4エレメント・ループ・アンテナ ………………… 104
- AH-4汎用コントローラ …………………………… 52
- ATU ………………………………………… 48，82
- GP …………………………………………… 37，67
- HB9CV ……………………………………… 12，66
- HEXビーム ……………………………………… 28
- HF用ノンラジアル・ホイップ …………………… 92
- R14-16 ……………………………………… 14，55
- SWR ……………………………………………… 132
- SWR計 …………………………………………… 132
- V型ダイポール ……………………………… 46，69

■ **ア行** ■

- アース・マット …………………………………… 83
- 圧着端子 ……………………………… 14，24，55，73
- アパマン・ハム …………………………… 6，11，17
- アルミ合金製マスト ……………………………… 81
- ウィンドウ・ガラス取り付け基台 ……………… 109
- エンドフィード・アンテナ ………………… 76，92
- オート・アンテナ・チューナ ……………… 48，82
- 帯鋼 ……………………………………………… 105

■ **カ行** ■

- カウンターポイズ ……… 13，25，49，82，100
- 金網 …………………………………………… 10，54
- カメラ用三脚 ……………………………………… 99
- ギボシ・ダイポール ……………………………… 20
- 逆Vダイポール …………………………………… 71
- グラウンド ………………………… 82，99，126，130
- グラウンド・プレーン …………………………… 67
- クリップベース ………………………………… 109
- コード・スライダー ………………… 75，116，118
- 小型マグネット・マウント・アンテナ ………… 123
- 小型マグネット基台 …………………………… 108
- コモンモード・フィルタ ………………………… 49
- コンクリートはさみ込み金具 …………………… 42

■ **サ行** ■

- 竿掛け …………………………………………… 7
- 自己融着テープ …………………………………… 40
- 進行波 …………………………………………… 134
- 伸縮ポール ……………………………… 65，76，116
- 伸縮ポール用三脚 ……………………………… 116
- 隙間ケーブル …………………………………… 39，60
- スクリュー・ドライバー・アンテナ …………… 129
- ステー・ロープ ………………………… 77，116，119

■ **タ行** ■

- ダイポール ……………………………………… 19
- タイヤベース ……………………… 19，64，88，92
- たこ足アース ……………………………………… 82
- 多巻きスモール・ループ・アンテナ …………… 58
- 中継ケーブル ……………………………………… 21
- 釣り竿 …………………………… 48，73，84，87，92，94
- デルタ・ループ …………………………………… 30

■ **ナ行** ■

- 粘着テープ式留め金具 …………………………… 55
- のぼり用ポール …………………………………… 74
- ノンラジアル … 34，65，92，120，122，135

■ **ハ行** ■

- バーチカル・アンテナ ………………………… 23，87
- パイプ・ベランダ用アンテナ取付金具 ………… 37
- バズーカ・マッチ ……………………………… 112

バラン	71, 95
貼り付けアンテナ	122
反射波	134
ビーム・アンテナ	11
ヘンテナ	94, 111
防水加工	41
ポール・スタンド	74

■ マ行 ■

マグネットアース・シート	82, 88, 126, 130
マグネット基台	88, 120, 126
マスト・スタンド・ホルダ	42
マニュアル・チューナ	25
マルチバンドGP	44
モービル・アンテナ用ベランダ取付金具	34
モービル基台	124
もやい結び	118

■ ヤ行 ■

八木アンテナ	19, 68

■ ラ行 ■

ランタン・スタンド	11

初出一覧

Chapter 02

2-1 … CQ ham radio 2014年9月号　CQ ham radio 2014年 9月号，ビギナーに贈るお手軽シャックの作り方，CQ ham radio編集部

2-2 … CQ ham radio 2014年 11月号，手軽に始めるHF帯運用，CQ ham radio編集部

2-3 … CQ ham radio 2011年 11月号，AH-4汎用コントローラの工夫，CQ ham radio編集部

2-6 … CQ ham radio 2014年 5月号，窓・ドア隙間すり抜けケーブルセット第一電波工業 MGC50，JI1SAI 千野誠司

Chapter 03

3-1 … CQ ham radio 2014年 7月号，V/UHF帯で楽しむお手軽移動運用，CQ ham radio編集部

3-2 … CQ ham radio 2015年 3月号，CQ ham radioオリジナルHF用エンド・フィード・アンテナ・キットのWARCバンド対応，CQ ham radio編集部

3-3 … CQ ham radio 2012年 6月号，オート・アンテナ・チューナを使った移動運用，JR1CCP 長塚 清

3-6 … CQ ham radio 2014年 7月号，V/UHF帯で楽しむお手軽移動運用，CQ ham radio編集部

3-8 … CQ ham radio 2015年1月号付録，ハム手帳，CQ ham radio編集部

Chapter 04

4-1 … CQ ham radio 2014年 7月号，V/UHF帯で楽しむお手軽移動運用，CQ ham radio編集部

4-2 … CQ ham radio 2014年 11月号，手軽に始めるHF帯運用，CQ ham radio編集部

Appendix

CQ ham radio 2014年 10月号，初めて使うSWR計，JJ2NYT 中西 剛

- **本書記載の社名，製品名について** ── 本書に記載されている社名および製品名は，一般に開発メーカの登録商標です．なお，本文中では™，®，©の各表示を明記していません．
- **本書掲載記事の利用についてのご注意** ── 本書掲載記事は著作権法により保護され，また産業財産権が確立されている場合があります．したがって，記事として掲載された技術情報をもとに製品化をするには，著作権者および産業財産権者の許可が必要です．また，掲載された技術情報を利用することにより発生した損害などに関して，CQ出版社および著作権者ならびに産業財産権者は責任を負いかねますのでご了承ください．
- **本書に関するご質問について** ── 文章，数式などの記述上の不明点についてのご質問は，必ず往復はがきか返信用封筒を同封した封書でお願いいたします．ご質問は著者に回送し直接回答していただきますので，多少時間がかかります．また，本書の記載範囲を越えるご質問には応じられませんので，ご了承ください．
- **本書の複製等について** ── 本書のコピー，スキャン，デジタル化等の無断複製は著作権法上での例外を除き禁じられています．本書を代行業者等の第三者に依頼してスキャンやデジタル化することは，たとえ個人や家庭内の利用でも認められておりません．

JCOPY 〈(社)出版者著作権管理機構委託出版物〉
本書の全部または一部を無断で複写複製（コピー）することは，著作権法上での例外を除き，禁じられています．
本書からの複製を希望される場合は，(社)出版者著作権管理機構（TEL：03-3513-6969）にご連絡ください．

アマチュア無線用アンテナ お手軽設置ノウハウ

2015年5月1日　初版発行
2016年4月1日　第2版発行

© CQ出版株式会社 2015
（無断転載を禁じます）

CQ ham radio編集部　編

発行人　小澤 拓治
発行所　CQ出版株式会社
〒112-8619　東京都文京区千石4-29-14
電話　編集 03-5395-2149
　　　販売 03-5395-2141
　　　振替 00100-7-10665

乱丁，落丁本はお取り替えします
定価はカバーに表示してあります

ISBN978-4-7898-1598-7
Printed in Japan

編集担当者　沖田 康紀
本文デザイン/DTP　(株)コイグラフィー
印刷・製本　三晃印刷(株)